生态城乡与绿色建筑研究丛书

湖北省学术著作出版专项资金资助项目
国家自然科学基金面上项目(51778251)

李保峰　主编

陈宏　副主编／刘小虎　执行主编

Construction Strategies of Micro-climate in Urban Blocks

街区空间微气候营造策略

陈　宏　韩梦涛　著

华中科技大学出版社
http://www.hustp.com
中国·武汉

图书在版编目(CIP)数据

街区空间微气候营造策略/陈宏,韩梦涛著.—武汉:华中科技大学出版社,2021.12
(生态城乡与绿色建筑研究丛书)
ISBN 978-7-5680-6812-3

Ⅰ.①街… Ⅱ.①陈… ②韩… Ⅲ.①城市道路-城市空间-微气候-研究
Ⅳ.①TU984.11 ②P463.2

中国版本图书馆 CIP 数据核字(2021)第 231997 号

街区空间微气候营造策略　　　　　　　　　　　陈　宏　韩梦涛　著
Jiequ Kongjian Weiqihou Yingzao Celüe

策划编辑:易彩萍
责任编辑:周永华
封面设计:王　娜
责任校对:刘　竣
责任监印:朱　玢
出版发行:华中科技大学出版社(中国·武汉)　　　　电话:(027)81321913
　　　　　武汉市东湖新技术开发区华工科技园　　　　邮编:430223
录　　排:华中科技大学惠友文印中心
印　　刷:湖北金港彩印有限公司
开　　本:710mm×1000mm　1/16
印　　张:9.5
字　　数:151 千字
版　　次:2021 年 12 月第 1 版第 1 次印刷
定　　价:128.00 元

本书得到以下基金项目支持：

滨水街区空间形态与江河风渗透之"量""效"关联性研究——以长江中下游城市为例（国家自然科学基金面上项目，项目编号：51778251）。

作者简介 | About the Authors

陈 宏

2004 年获日本东京大学建筑学专业工学博士学位,现任华中科技大学建筑与城市规划学院教授,博士生导师。

目前兼任中国绿色建筑与节能委员会委员、住房和城乡建设部绿色建筑评价标识专家委员会委员、中国建筑学会健康人居学术委员会理事、湖北省土木建筑学会理事、湖北省土木建筑学会绿色建筑与节能专业委员会副主任委员。长期致力于绿色建筑设计、气候适应性城市与建筑设计、健康社区与建筑设计、低碳建筑设计等方面的研究与设计实践。

韩梦涛

2019 年获日本东京大学建筑学专业工学博士学位。现任华中科技大学建筑与城市规划学院副研究员、东京大学建筑学博士及博士后研究员、日本学术振兴会特别研究员。主要研究方向为建筑与城市微气候、大气污染物与防灾、绿色建筑节能技术等。

本书主要符号

符号	含义	单位 *
D	黑球直径	m
f_{cl}	服装覆盖的人体表面和裸露的人体表面之比	%
G	太阳总辐射照度	W/m²
h_c	人体表面对流换热系数	W/(m² · K)
I	湍流强度	%
I_{cl}	人体基本热阻	clo
imp_n	第 n 个表面的显热或潜热影响度	K 或℃
M	人体代谢量,1 met=58.2 W/m²	met
MRT	平均辐射温度	K 或℃
P_a	水蒸气分压力	Pa
OUT_SET*	室外标准有效温度	℃
PET	生理等效温度	℃
PMV	预计平均热感觉指标	kg
Re	雷诺数	—
RH	相对湿度	%
T_a	干球空气温度	K 或℃
T_{cl}	服装表面温度	K 或℃
T_g	黑球温度	K 或℃
T_{nw}	自然湿球温度	K 或℃
W	有效机械功率	W/m²
TKE	湍流动能	m²/s²

---

* 本书所使用的单位主要采用国际单位制(SI)单位。

符号	含义	单位
U	流入风速	m/s
U_0	代表高度 Z_0 处的风速	m/s
UTCI	通用热气候指数	—
V_a	风速(气流速度)	m/s
WBGT	湿球黑球温度	K 或 ℃
Z_0	代表高度	m
ϵ	辐射发射率	—
ε	湍流耗散率	m^2/s^3
ν	流体(空气)的动黏性系数	m^2/s
γ_i	第 i 个表面的太阳辐射照射比例(日照率)	—
ΔT	温度变化量	K 或 ℃

前　　言

　　中国的城市化进程进入快车道,人口向城市迅速集聚,对城市的能源消耗与环境质量带来了巨大挑战。城市微气候恶化的一个突出表现在于,伴随着城市化的进程,城市热岛效应显著增强。引起城市热岛效应的原因一般被归结为城市空间内建筑物密集、城市下垫面人工化,以及人们的生活和生产活动所产生的大量人为热排放。这些也与当前我国城市化的其他问题密切相关。在现有发展模式下,城市微气候将持续恶化,并加剧城市热岛效应,城市能源消耗也将不断增加,形成恶性循环。

　　近年来,为了减缓城市热岛效应,城市气候的调节与改善已经引起越来越多的关注,成为城市建设的未来发展趋势。以城市—街区—建筑等不同尺度的空间为对象,通过对城市空间布局、城市土地利用、城市下垫面性质、城市通风与散热、绿地系统、人为热排放等涉及宏观、中观及微观层面的环境因素的控制与调节,分析各种城市微气候调节策略对于改善城市微气候的贡献率,以及在不同空间层面上的相互影响,探索在城市中有针对性及高效的城市微气候调节技术,从城市—街区—建筑的角度来实现城市与街区微气候的有效调节,提高城市环境品质,顺应城市建设未来发展的要求。

　　城市微气候的研究领域涵盖广泛,包括城市微气候形成机理(影响因素、城市的热代谢等)、城市形态与城市微气候的相关性等、研究对象的空间尺度及其位置(中尺度、局地尺度、建筑尺度、城市中心区、城市边缘区等)、数值模拟模型(中尺度模型、微尺度模型等),以及城市微气候调节设计的设计方法(优化设计方法、简化的模型等)等。

　　本书的定位是街区与建筑微气候研究的入门书籍。近年来,随着绿色建筑发展进入快车道,在绿色建筑的环境性能目标导向下,在建筑设计过程中,建筑的环境性能受到广泛关注,也成为建筑创作中必须关注的内容之一。被动式的建筑设计策略对于性能良好的街区与建筑微气候营造具有非

ⅰ

常重要的作用,但是已有的研究表明引起街区与建筑微气候变化的主要原因各不相同,街区的差异性导致微气候调节策略效率也有很大变化。在设计中如何合理选用街区与建筑的微气候调节策略给设计人员带来较大困惑。因此,我们认为很有必要面向国内一线的设计和工程技术人员、广大学生,较为系统地介绍街区的基础知识、街区微气候评价指标、研究方法、街区微气候调节策略等方面的内容。鉴于此,在本书的内容设置上,我们注重内容的实用性与可操作性,衷心希望本书能为包括建筑师、工程师、绿色建筑咨询师在内的建筑行业从业人员,以及广大学生的工作与学习带来一定的帮助。本书也可作为高年级本科生与研究生在相关课程中的教材加以使用。

在本书的编写过程中,部分章节源于作者的已毕业研究生韩干波、辛威、肖姣、潘莹莹、王剑文等同学的硕士学位论文,在此对几位同学通过辛苦努力所取得的优秀成果表示感谢。在本书出版过程中得到了华中科技大学出版社的大力支持,在此深表感谢。

由于街区微气候调节研究涉及范围广泛,我们的理论与知识水平有限,成书时间较为仓促,书中难免存在缺漏及欠妥之处,敬请广大读者批评指正,以便在本书再版时进一步更新与完善。联系邮箱为:chhwh@hust.edu.cn。

作 者

2021 年 10 月

目　录

第一章 绪 论

据相关统计,地球上现在有超过一半的人口居住在城市,到 2030 年的时候,将有超过 60％的人成为城市居住者[1]。我国城市化进程已进入快车道,2020 年末,中国城市化率超过了 60％。过去半个世纪的快速城市化不仅给城市带来了大量的移民,也改变了城市的能源消耗量及气候环境。

城市气候恶化的一个突出表现在于,伴随着城市化的进程,城市热岛现象显著增强。引起这一现象的原因一般被归结为城市建筑物密集、城市下垫面人工化及人们的生活和生产活动所产生的大量人为热排放。这些都与当前我国城市化导致的问题密切相关。在现有发展模式下,城市气候将持续恶化,并加剧城市热岛效应及增加城市能源消耗,形成恶性循环。目前与建筑相关的能耗已占全社会总能耗的 46.7％。

在城市中,街区是最为重要的活动场所,也是人们所接触到的最常见的室外空间。城市的建成区,尤其是城市中心区,高土地价值导致其普遍具有"三高"(高密度、高容积率及高楼层)特征,使得城市下垫面严重人工化,密集的公共建筑及高层住宅排放了大量人工热,导致街区热岛效应严重,街区空间的热舒适状况迅速恶化。同时,街区居民活动聚集,增大的交通流量成为街区的重要污染源。有研究表明,由城市高密度化引起的城市自净能力下降是导致空气污染日益严重的原因之一[2]。因此,街区建筑密集化发展及交通污染排放的增加,也导致了街区空气质量明显下降,影响居民的身体健康。

街区微气候的形成除了受到宏观的气候因素影响,还受到街区空间形

---

[1] The United Nations Human Settlements Programme, *State of the world's cities* 2008/2009: *harmonious cities*, 2012.

[2] 王宝民,柯咏东,桑建国.城市街谷大气环境研究进展[J].北京大学学报(自然科学版),2005,41(1):146-153.

态的影响,从而形成了特有的局地气候。相关研究表明,街区空间的形态影响城市内部的自然通风及太阳辐射等,与城市热岛效应的形成密切相关[①]。进一步的研究表明,街区空间形态与街区微气候特征的关系是由在街区空间形态及空间界面的影响下,构成街区空间内部热平衡的各项热量传递的特点所决定的。

在城市化迅速发展的背景下,我国城市,尤其是大中城市的规模不断扩大,"三高"特征将更加明显。在经济利益与环境利益博弈的过程中,天平往往向经济利益方向严重倾斜。但是,近年来城市环境恶化,尤其是城市热岛效应与雾霾引起的环境、健康及社会问题使得我们不得不重新重视经济利益与环境利益的平衡发展。因此,研究街区微气候的特征、规律及营造手法对提高城市环境质量和促进城市整体节能与可持续发展具有极其重要的意义。

目前,国内对于城市可持续发展与气候环境、能源资源的研究主要集中于城市的大尺度层面,如城市热岛效应等,或者小尺度层面,如室内空调环境等,并取得了很多重要的研究成果。但以城市街区为研究对象展开的工作相对较少,同时研究方向相对较窄,如聚焦于一个街区的风环境或街道冠层内的通风及空气污染等。对城市街区整体微气候环境的营造,仍缺乏系统的理论研究和设计策略。

因此,本书以夏热冬冷地区的城市街区为研究对象,试图对街区尺度微气候的特征性状、组成要素、影响因子及营造手法予以探讨,并辅以相关研究案例,对具体的营造手法及其应用进行说明。

第一节　街区的空间尺度

若要对街区微气候进行研究,首先需要界定街区的空间尺度大小。就空间视角而言,气候根据影响范围不同,可以划分为多个尺度(图1-1)。

---

① OKE T R. The distinction between canopy and boundary-layer urban heat islands[J]. Atmosphere,1976,14(4):268-277.

Allard 等[①]对水平空间的尺度做出了定义。宏观尺度覆盖数百千米甚至更广范围,又称区域尺度。典型案例为《民用建筑设计统一标准》(GB 50352—2019)中建筑气候分区的一个气候区,如夏热冬冷气候区、严寒气候区等均可以看作宏观尺度下的一个区域。中观尺度通常覆盖数十千米乃至数百千米的范围,如一个城市的气候。微观尺度的直径从数十米、数百米到数千米不等,如一个或几个具有近似功能的相邻街区。而更小范围的建筑尺度领域,包括了建筑及其周边街道、组团或街区。本书主要研究城市街区范围,通常覆盖直径为 0.1~50 km。

微观	建筑或街道		
	建筑组团	微气候尺度: 0.1~1 km	
		或	
	街 区	地方性气候尺度: 0.1~50 km	
	城 市		中观气候尺度: 10~200 km
			或
宏观	区 域		宏观气候尺度: 100~100000 km

图 1-1 气候尺度和城市形态尺度分类
(图片来源:根据 Oke[②] 和黄媛[③]等的文献修改绘制)

Brown 等[④]指出,在气候设计中,城市街区尺度通常容易被建筑师和城乡规划师忽略。建筑师通常关注 100 m 以下的单体或数栋建筑尺度。而城乡规划师通常关注数千米以上范围的城市形态(即中观尺度)。Oke[⑤] 指出,

① ALLARD F,SANTAMOURIS M. Natural ventilation in buildings:a design handbook[M]. London:Earthscan Publications Ltd. ,1998.

② OKE T R,JOHNSON G T,STEYN D G,et al. Simulation of surface urban heat islands under "ideal" conditions at night part 2:diagnosis of causation[J]. Boundary-Layer Meteorology, 1991,56(4):339-358.

③ 黄媛.夏热冬冷地区基于节能的气候适应性街区城市设计方法论研究[D].武汉:华中科技大学,2010.

④ BROWN G Z,DEKAY M. Sun,wind & light:architectural design strategies[M]. 2nd ed. New York:Wiley,2001.

⑤ OKE T R. Street design and urban canopy layer climate[J]. Energy and Buildings,1988,11 (1-3):103-113.

层峡街道是组成城市街区尺度形态最基本的几何要素；Ratti 等[1]则深入解释称，城市街区可以看作由向两个方向延伸的街道及各种基本型所组成。因此，我们吸纳城市形态的基本型和街道作为研究的基本尺度。本书不讨论各种形态的建筑的具体组成或者室内空间尺度，因为这个尺度更多与建筑设计策略相关联，而非城市街区微气候设计策略。

第二节 街区微气候的研究尺度

从垂直角度看，Oke 等[2]对城市大气按高度进行了分类。从地表向上延伸 2～3 km 的范围通常被称为大气边界层（atmospheric boundary layer）。在大气边界层内，由于空气的上下对流循环，地表附近的自然要素（如山体、水体、植被等），以及人类的建筑、生产等活动将会对气候、大气的性状等造成极大影响。而在大气边界层之上的自由大气（free atmosphere）则被宏观尺度的变化过程所影响，主要表现出水平方向的空气对流，因此对地表附近的变化反应比较迟钝。

在街区尺度内，城市微气候主要作为大气边界层中近地区域的粗糙子层（roughness sublayer）及城市冠层（urban canopy layer，也称城市覆盖层）被我们所了解。粗糙子层是大气边界层的底层区域，其高度定义为地面到大概五倍平均建筑高度。在这个区域中，街区要素及人类活动对微气候会产生决定性的影响。城市冠层是从地表到建筑顶部的垂直区域，高度为建（构）筑物等的高度。城市冠层是人类活动频繁，能量、动量和水交换与转化的场所，也是街区微气候在垂直高度上的主要研究对象。

街区结构是一个具有不均一性且粗糙的表面，它导致了所有气候要素的时空变化，微气候现象发生在这个有限的空间中。本书所研究的是街区空间微气候的营造策略。

---

① RATTI C, RAYDAN D, STEEMERS K. Building form and environmental performance: archetypes, analysis and an arid climate[J]. Energy and Buildings, 2003, 35(1): 49-59.

② OKE T R, MILLS G, CHRISTEN A, et al. Urban climates[M]. Cambridge: Cambridge University Press, 2017.

第三节　本书构成

　　本书由六章构成，主体部分主要为第二章至第六章。其中，第二章和第三章为基础理论，介绍了街区微气候的基本知识。第四章至第六章为案例分析，从多种角度介绍了街区微气候营造策略的具体应用。

　　第二章介绍了街区空间微气候的组成要素、评价指标及相关的影响因子。第三章介绍了街区空间微气候的主要研究手法，包括微气候实测、缩尺模型风洞实验、计算机数值模拟及实地调查研究，并引入相关案例介绍了研究手法的基本应用流程。第四章运用城市气候图这一工具研究了街区微气候的现状及改造手法。第五章运用基于人员行为问卷调查研究的方法，提出了居住区更新与微气候营造策略。第六章以专题的形式介绍了历史及保护街区的微气候营造手法。

第二章 街区空间微气候的组成要素及影响因子

街区空间微气候研究是城市室外环境研究的重要组成部分,它以室外空气及辐射、建筑及表皮、地面及植被、人工排热等为研究对象,涉及空气温度、空气湿度、下垫面温度、太阳辐射、气流速度等参数。城市街区空间微气候的研究根据不同的研究目的,又可以从不同的角度进行。从理论上说,室外微气候有着自身的特点,它决定了微气候环境不能由单体建筑本身所决定,而是受到周围建筑和环境的影响。因此,实际意义上的室外热环境研究的对象应该是建筑群及其附属构件。只有在建筑群中才能体现室外热环境的各种影响因素。

为了提出针对街区空间微气候的有效营造策略,首先,需要了解有关街区尺度下微气候的组成及影响要素的基础知识。因此,作为基础理论部分,本章首先简要介绍街区微气候的研究内容和组成要素,包括微气候要素和环境要素。其次,本章将介绍几种适用于街区微气候的常用热舒适评价指标,包括单一指标和复合指标,并介绍各种指标的优缺点及在街区微气候中的适用范围。最后,本章将对城市中常见的两种建筑形式——点式建筑和板式建筑形成的理想街区进行分析,并利用室外热环境影响度指标对街区微环境进行分析,找出不同街区形态下各影响因子对微环境的作用程度。

本章介绍的微气候评价指标、影响因子将作为后续章节的基础内容,本书将基于此展开分析,提出改善室外热环境的城市设计策略。

第一节 街区微气候环境的组成要素

街区微气候环境是街区物理环境的重要组成部分。我们认为,街区微气候环境的研究包括两个方面的内涵：一方面是要分析代表街区微气候的物理参数（即微气候要素），这些物理参数是街区微气候的表征，体现街区微气候环境质量的水平；另一方面要研究街区空间的构成要素（即空间环境要素），例如建筑、树木、水体、道路等。这些街区空间环境要素对于微气候形成所产生的影响，导致不同街区（小尺度）的局地气候有别于城市（大尺度）的气候，各自具有不同的特征，也就是说，街区空间的构成要素属于街区微气候环境形成的作用机制。同时，依托这个作用机制，我们通过对街区空间环境进行优化设计，从而使调节街区微气候成为可能。

一、街区空间微气候要素

微气候是指特定空间范围的局地气候。微气候研究内容包括空气温度、空气湿度、下垫面表面温度、太阳辐射、气流速度等参数在街区空间内的三维分布特征，以及这些参数对人体热舒适的影响，通常包括温度、湿度、风速、辐射这四项主要指标，还包括存在于空气中，并随空气扩散的各项成分、污染物等指标，例如目前广受关注的 $PM_{2.5}$、CO 与氮氧化物（交通污染）等。

如图 2-1 所示，Ooka[1] 总结了不同的微气候类型及其对应的考察尺度。由于空间尺度的不同，研究需要关注的城市气候、街区微气候、建筑室内热环境及人体周边热环境等的内容与侧重点也具有很大的差异。同时，各个尺度之间存在相互关联与相互影响的关系。

街区微气候研究主要涉及两项内容：一是街区风环境，包括街区的主导风向、已经存在和有潜力发掘的通风道及流通区域（热源和冷源）；二是街区的热环境，包括街区的外壁表面温度、街区的空气温度分布和江、河及湖泊等大型水体对街区内部空气温度的影响。

① OOKA R. Recent development of assessment tools for urban climate and heat-island investigation especially based on experiences in Japan[J]. International Journal of Climatology,2007, 27(14):1919-1930.

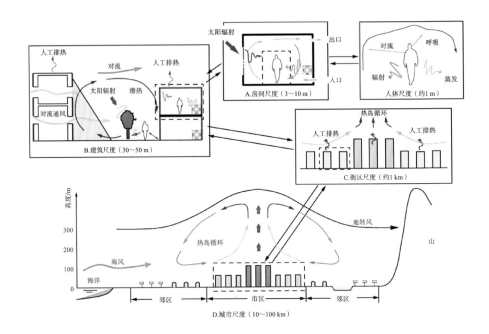

图 2-1　不同的微气候类型及其对应的考察尺度①

二、街区空间环境要素

　　根据不同的研究目的,可以从不同的角度对街区微气候进行研究。从理论上说,室外微气候有着自身的特点,其不是由单体建筑本身所决定的,而是受到周围建筑和环境的影响。例如建筑群的布局影响风环境,从而导致街区内部有不同的风向与风速分布;高低错落的建筑及树木遮挡太阳辐射,导致街区空间各类建(构)筑物的表皮吸收太阳辐射的差异,从而造成街区不同地区空气温度的差异,甚至由于浮力作用而影响气流分布;植被与水体通过蒸腾作用降低街区空间各类建(构)筑物表皮的温度,从而缓和街区的高温等。

---

　　① OOKA R. Recent development of assessment tools for urban climate and heat-island investigation especially based on experiences in Japan[J]. International Journal of Climatology,2007, 27(14):1919-1930.

因此,街区微气候的研究对象主要是对街区微气候的形成产生影响,由建筑群所构成的街区空间,以及存在于这个空间中的树木、水体、建(构)筑物和人为活动产生的热源(如空调机、机动车)等各类街区空间环境要素。

第二节　街区微气候热舒适评价指标

Brown 和 Gillespie 认为,机体热平衡可以保持在很大的范围内,然而达到热舒适的条件更严格。根据传热学和人体生理学原理开发的能量平衡方程可以表达为

$$M + R - C - K - E - \Delta S = 0 \tag{2-1}$$

式中:M 为人体代谢产热,R 为辐射交换,C 为对流热损失,K 为传导热损失,E 为蒸发热损失,ΔS 为储热量(W/m²)变化。其中,$\Delta S = 0$ 代表能量平衡,$\Delta S > 0$ 表示能量过剩,能量不足时 $\Delta S < 0$。在室外动态的热湿环境下,机体的产热与散热不完全随时相等,人体在受到热压力或寒冷刺激时会发生生理适应从而达到新的热平衡状态。人体对一定范围内的热压力具有与生俱来的主动和被动适应能力,这种热适应特性受到生理、行为、心理等复杂因素的综合影响。

能量平衡方程表明,任何一项因素都不足以说明人体对热环境的反应,因此需要能够综合上述影响因素的指标,用于评价人体热舒适。人体热舒适的评价由来已久,并且有大量的研究成果,但这些成果更多地集中于对室内人体热舒适的评价。在过去几年中,有一些学者已经开发出多种热舒适评价指标来评估室外热环境,包括单一指标和综合指标。本节介绍常用的指标,包括其定义、计算方法,最后对其进行了比较及适用范围的说明。

一、平均辐射温度

平均辐射温度(mean radiant temperature,MRT)是人体能量平衡中重要的热环境输入参数之一,对本节之后提到的任何气候环境下的生理等效温度和标准有效温度等热舒适评价指标都具有巨大影响。平均辐射温度的计算公式如下。

$$\text{MRT} = \left[(T_g + 273.15)^4 + \frac{1.10 \times 10^8 V_a^{0.6}}{\in D^{0.4}} (T_g - T_a) \right]^{0.25} - 273.15$$

$$(2\text{-}2)$$

式中：T_g 为黑球温度（℃）；T_a 为干球空气温度（℃）；V_a 为风速（m/s）；$\in$ 为辐射发射率，对于黑球，$\in = 0.95$；D 为黑球直径（m）。

较少单一使用 MRT 指标来评价室外微气候，但 MRT 是其他评价指标的重要参数之一。

二、湿球黑球温度

《城市居住区热环境设计标准》（JGJ 286—2013）将湿球黑球温度（wet bulb globe temperature，WBGT）定义成综合评价人体接触热环境时接收的热负荷大小和炎热条件下热安全评估的重要指标，其计算式如下。

$$\text{WBGT} = 0.7 T_{nw} + 0.2 T_g + 0.1 T_a \tag{2-3}$$

式中：T_{nw} 为自然湿球温度（℃）；T_a 为干球空气温度（℃）；T_g 为黑球温度（℃）。

三、预计平均热感觉指标 PMV 与预计不满意率 PPD

PMV-PPD 模型最早由 Fanger 开发并应用于室内。1993 年，Jendritzky 对该模型进行修正以运用于室外热环境。PMV（predicted mean vote，预计平均热感觉指标）模型由 Fanger 在 1970 年提出。《热环境的人类工效学通过计算 PMV 和 PPD 指数与局部热舒适准则对热舒适进行分析测定与解释》（GB/T 18049—2017）[①]建议使用 PMV 模型评价瞬时变化的热环境。PMV 模型采用 7 级热感预测表征暴露于相同环境压力下的群体投票平均值，评级为"−3（寒冷）"至"+3（炎热）"。

$$\text{PMV} = (0.303 e^{-0.036M} + 0.028) L \tag{2-4}$$

式中：M 为人体代谢率（met，1 met＝58.2 W/m²）；L 为人体热负荷（W/m²），计

---

① 中华人民共和国国家质量监督检验检疫总局，中国国家标准化管理委员会.热环境的人类工效学　通过计算 PMV 和 PPD 指数与局部热舒适准则对热舒适进行分析测定与解释：GB/T 18049—2017［S］.北京：中国标准出版社，2017.

算方法为

$$L = (M-W) - 3.05 \times 10^{-3} \times [5733 - 6.99(M-W) - P_a]$$
$$- 0.42 \times [(M-W) - 58.15] - 1.7 \times 10^{-5} M(5867 - P_a)$$ (2-5a)
$$- 0.0014M(34 - t_a) - 3.96 \times 10^{-8} f_{cl} \times [(T_{cl} + 273)^4$$
$$- (MRT + 273)^4] - f_{cl} h_c (T_{cl} - T_a)$$

$$T_{cl} = 35.7 - 0.028(M-W) - I_{cl} \{39.6 \times 10^{-8} f_{cl} [(T_{cl} + 273)^4$$ (2-5b)
$$- (MRT + 273)^4] + f_{cl} h_c (T_{cl} - T_a)\}$$

$$h_c = \begin{cases} 2.38 \mid T_{cl} - T_a \mid^{0.25} & \text{当} \quad 2.38 \mid T_{cl} - T_a \mid^{0.25} > 12.1\sqrt{V_a} \\ 12.1 \sqrt{V_a} & \text{当} \quad 2.38 \mid T_{cl} - T_a \mid^{0.25} < 12.1\sqrt{V_a} \end{cases}$$ (2-5c)

$$f_{cl} = \begin{cases} 1.00 + 0.1290 I_{cl} & I_{cl} \leqslant 0.078 \text{ m}^2 \cdot \text{K/W} \\ 1.05 + 0.645 I_{cl} & I_{cl} > 0.078 \text{ m}^2 \cdot \text{K/W} \end{cases}$$ (2-5d)

式中：W 为有效机械功率（W/m²）；I_{cl} 为人体基本热阻（m² · K/W）；f_{cl} 为服装表面积系数；T_a 为空气温度（℃）；V_a 为风速（m/s）；P_a 为水蒸气分压力（Pa）；h_c 为对流换热系数［W/(m² · K)］；T_{cl} 为服装表面温度（℃）。

PPD(predicted percentage of dissatisfied，预计不满意率)用于预测报告炎热或非常热（或寒冷和非常冷）的人数百分比（即倾向于不满意热环境的百分比）。受试者报告±0.5 时对应的 PPD 为 10%，±0.85 时对应的 PPD 为 20%。PPD 和 PMV 之间的关系由式(2-6)给出。

$$PPD = 100 - 95e^{[-(0.03353PMV^4 + 0.2179PMV^2)]}$$ (2-6)

然而，诸多研究指出，在自然通风建筑和室外热环境中运用，PMV 预测模型的准确性和有效性有待检验。

四、生理等效温度

生理等效温度(physiological equivalent temperature，PET)最早于 1987 年由 Mayer 和 Höppe 提出，1999 年，Matzarakis 等人在慕尼黑能量平衡模型 MEMI(Munich energy balance model for individuals)的基础上进行初始调整并应用于西欧地区。PET 的定义为在理想室内或户外环境下，机体可

维持热平衡且核心和皮肤温度相等时的环境等效温度。因此,对于任何给定的热环境参数和人体行为活动信息,可以根据 MEMI 计算人体核心温度和皮肤温度。通过将核心温度、皮肤温度与 MEMI 中的计算值进行比较,可以获得上述条件下的等效空气温度,这个等效空气温度即 PET。

MEMI 用来计算给定环境条件下的热量流和人体温度。在 MEMI 中,皮肤温度由模型计算得出,出汗率与人体核心温度和皮肤温度相关联。同时 MEMI 在考虑出汗率和基础代谢影响的基础上,在利用 RayMan 软件计算 PET 的过程中引入了四个人体统计学参数,包括身高(H)、体重(W)、年龄(A)和性别(G)。H、W、A 和 G 通过问卷得到。

五、通用热气候指数

基于 Fiala 多节点模型,通用热气候指数(universal thermal climate index,UTCI)模型将人体明确分为具有热调节功能的主动系统和完成人体内部传热过程的被动系统。主动系统用来模拟人体代谢、皮肤血液流动的减弱(血管收缩)和加强(血管舒张)、发汗、发抖等;被动系统需要考虑人体不同部位表皮、真皮、骨骼、肌肉、内脏等组分的差别,模拟各区段中的血液循环、新陈代谢、热量传导与累积等人体内部传热过程。在热交换过程中,涉及表面对流、长短波热辐射、皮肤表面水分蒸发、呼吸等因素[1]。UTCI 计算较为复杂,可以近似表达为包含空气温度 T_a、平均辐射温度 MRT、气流速度 V_a 等因子的多项式函数。

六、室外标准有效温度

标准有效温度(standard effective temperature,SET*)被定义为在等温环境(T_a = MRT,RH = 50%,气流速度 V_a = 0.15 m/s)中,受试者穿着标准化的衣服进行相关活动,产生与在实际环境中相同的体温调节应变和热应

---

① 闫业超,岳书平,刘学华,等.国内外气候舒适度评价研究进展[J].地球科学进展,2013,28(10):1119-1125.

力［皮肤温度（T_{sk}）和湿润度（w）］时的等效空气温度。2000 年 de Dear 将 SET* 修正得到室外标准有效温度（outdoor standard effective temperature，OUT_SET*）以应用于室外。由于 SET* 旨在对温暖且潮湿的气候条件进行评估和改善，对凉爽状况下温度等级的最低阈值设定为 17 ℃。因此 OUT_SET* 在评估凉爽环境时应用受限。

OUT_SET* 可使用 WinComf 软件计算，该软件由美国采暖、制冷与空调工程师学会（American Society of Heating，Refrigerating and Air-Conditioning Engineers，ASHRAE）的舒适委员会（ASHRAE Comforb）委托开发，旨在标准化热舒适指标的计算方法。

七、热感觉评价模型（thermal sensation vote，TSV）与热舒适评价模型（thermal comfort vote，TCV）

Matzarakis 等指出，热环境或生理调节的变化可导致热适应，自 2003 年以来，许多研究旨在通过使用基于 ASHRAE 7 级或 9 级量表的热感觉调查问卷将热舒适指标 PET 应用于不同的气候带。表 2-1(a) 为本研究采用的 TSV 热感觉评价 7 级量表，级别为从"＋3（非常热）"至"－3（非常冷）"；表 2-1(b) 为 TCV 热舒适评价 5 级量表；表 2-1(c) 为热偏好投票 3 级量表，级别分别为"＋1（高一点）""0（不变）""－1（低一点）"。TSV 热感觉评价 7 级量表和 TCV 热舒适评价 5 级量表用来采集群体投票的耐热性和热感觉可接受程度的平均值。受试者通过热偏好投票 3 级量表来报告他们对温度、湿度、风速、太阳辐射的偏好。

表 2-1　不同热压力水平的主观感觉评价分类

（a）TSV 热感觉评价 7 级量表

非常热	炎热	温暖	不冷不热	凉爽	寒冷	非常冷
＋3	＋2	＋1	0	－1	－2	－3

（b）TCV 热舒适评价 5 级量表

非常舒适	舒适	可以接受	不舒适	非常不舒适
＋2	＋1	0	－1	－2

续表

（c）热偏好投票 3 级量表

温度	（高一点）+1	（不变）0	（低一点）-1
湿度	（高一点）+1	（不变）0	（低一点）-1
风速	（高一点）+1	（不变）0	（低一点）-1
太阳辐射	（高一点）+1	（不变）0	（低一点）-1

表格来源：根据《热环境的人类工效学 通过计算 PMV 和 PPD 指数与局部热舒适准则对热舒适进行分析测定与解释》(GB/T 18049—2017)改绘。

八、室外热舒适评价指标的运用范围

笔者统计了从 2001 年至 2018 年在热环境实测和热舒适研究中使用率较高的热舒适评价指标：PMV 最早由 Fanger 提出并应用于室内，最新研究指出 PMV 在室外热条件下应用时倾向于高估热不适；PET 于 2003 年首次被应用于室外，如今已成为使用最广泛的热舒适指标之一；SET* 在开发之初被应用于室内，OUT_SET* 在 SET* 基础上修正后用于室外，使用率不高；UTCI 在 2012 年首次被提出，并一直被使用，使用频率逐年递增；WBGT 为综合评价接触热环境时人体热负荷大小的指标，为室外热安全评价的重要指标，主要适用于炎热气候条件。

表 2-2 显示了常用热舒适评价指标的主要特征和应用范围。

表 2-2　常用热舒适评价指标的主要特征及应用范围

指　标	参考来源	使用范围	热感觉类别	适宜的气候
PET	Mayer、Höppe 等，1987 年	主要用于室外	非常冷到非常热	所有气候
PMV	Fanger，1970 年	主要用于室内	7 分制	所有气候
			从冷到热	
	Gagge 等，1986 年	修正后应用于室外	7 分制	所有气候
	Jendritzky		从寒冷到炎热	

续表

指　标	参考来源	使用范围	热感觉类别	适宜的气候
UTCI	Jendritzky 等，2012 年	主要应用于室外	10 分制 非常冷到非常热	所有气候
	Gagge 等，1986 年		从寒冷到非常热	
OUT_SET*	Pickup、de Dear，2000 年	在 SET* 的基础上修正后用于室外	5 分制	中度至炎热气候
	Spagnolo、de Dear，2003 年		从冷到热	
WBGT	Yaglou、Minard，1957 年	主要用于室外	5 分制 从舒适到非常热	炎热气候

表格来源：作者自绘。

第三节　街区微气候的影响因子分析

一、室外热环境影响度指标

在街区空间中，作为热源（冷源）对于空气温度的形成具有贡献的因素主要包括四个方面：①建筑表皮的显热；②空调排热；③交通排热；④绿地与水体。其中前三个因素是热源，第四个因素是冷源。在本章中，街区中各种热源（冷源）的影响度[1][2]可以被认为是各种热源（冷源）的热流量（冷流量）对于街区室外空间中任意一点的空气温度形成过程的贡献率。

室外热环境影响度是指相比于空地而言，建筑除了对风场及太阳辐射

---

[1]　CHEN H，OOKA R，HUANG H，et al. Study on the impact of buildings on the outdoor thermal environment based on a coupled simulation of convection，radiation，and conduction［J］. ASHRAE Transactions，2007，113（2）：478-485.

[2]　CHEN II，OOKA R，HUANG H，et al. Study on mitigation measures for outdoor thermal environment on present urban blocks in Tokyo using coupled simulation［J］. Building & Environment，2009，44（11）：2290-2299.

等产生影响,还包括建筑建成以后,因建筑而产生的各种热源对于环境的影响(图2-2)。因此,本章中根据热源种类的不同,将室外热环境影响度区分为三类:建筑墙体放散出的显热通量的影响度、人工排热(主要是空调排热)的影响度、交通排热的影响度。

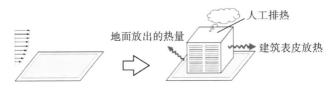

图 2-2　建筑的各种热源

建筑墙体放散出的显热通量的影响度:当建筑外墙的表面温度升高1 ℃时,街区空间中的任意一点的温度在形成过程中所受到的影响。

室外热环境中建筑墙体的影响度用来评价由于建筑墙体的显热通量放散对室外空间任意一点的温度的影响,如图2-3所示。为了计算每面墙体的影响度,首先,要进行基本的 CFD(computational fluid dynamics,计算流体力学)计算,获得空间中风场及空气温度的分布;其次,固定风场结果,升高墙体的表面温度,然后重新计算空气的温度,并计算出建筑墙体的显热通量的影响度。

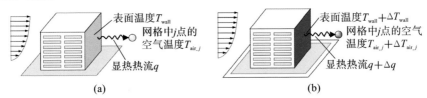

图 2-3　室外热环境影响度的概念①②
(a) 室外热环境正常状态;(b) 被热源加热后空气中任意一点温度升高

---

①　CHEN H,OOKA R,HUANG H,et al. Study on the impact of buildings on the outdoor thermal environment based on a coupled simulation of convection,radiation,and conduction[J]. ASHRAE Transactions,2007,113(2):478-485.

②　CHEN H,OOKA R,HUANG H,et al. Study on mitigation measures for outdoor thermal environment on present urban blocks in Tokyo using coupled simulation[J]. Building & Environment, 2009,44(11):2290-2299.

建筑墙体显热通量的影响度用第二步计算中获得的新的空气温度增加值代入公式(2-7)计算。其中，$\Delta T_{air\_j}/\Delta T_{wall\_i}$ 表示当墙体表面温度升高 1 ℃时，建筑周围空间中任意一点温度升高的程度，这个影响度能够表明墙体对周围空气温度的加热能力。

$$\mathrm{imp}_j = \left(\frac{\Delta T_{air\_j}}{\Delta T_{wall\_i}}\right) \times (T_i - T_{a\_i}) \tag{2-7}$$

式中：imp_j 为建筑墙面上 j 网格（计算模型被划分的网格标号）的影响度（℃）；ΔT_{wall_i} 为 i 方向墙面温度的增加值（℃）（其中 i 分别代表建筑的东侧、南侧、西侧、北侧的墙面及屋面）；ΔT_{air_j} 为空间中 j 点的空气温度变化量（℃）（墙面温度被升高的工况——基本工况）；T_i 为 i 方向墙面温度（℃）；T_{a_i} 为 i 方向墙面相邻层网格的平均空气温度（℃）。

人工排热的影响度是指在包含人工排热的工况中，点 n 的空气温度 T_n 相比于无人工排热工况时该点空气温度 T_{0_n} 的变化量。

$$\mathrm{imp}_n = T_n - T_{0\_n} \tag{2-8}$$

交通排热的影响度是指在考虑交通排热工况中，点 n 的空气温度 T_n 相比于无交通排热工况时该点空气温度 T_{0_n} 的变化量。

$$\mathrm{imp}_n = T_n - T_{0\_n} \tag{2-9}$$

上述室外热环境影响度的确定十分有助于分析街区环境的各种影响因素中哪些因素是对空气温度的形成（对热舒适具有重要影响的参数）产生主要影响的因素。室外热环境影响度的应用详见本章接下来的两个案例。本章主要介绍室外微气候的概念及影响因素，这两个案例所采用的基于对流·辐射·传导耦合模拟的室外热环境数值模拟方法将在本书第三章中进行说明。

二、点式街区微气候的影响因子分析

为了便于研究，街区模型被设定为理想化的街区模型，如图 2-4 所示。等高模型与非等高模型设定相同的容积率，分别讨论建筑高度、绿化、表面材质、空调排热位置的差异对于街区热环境的影响。

1. 表面材质对点式街区微气候的影响分析

图 2-5 显示了夏至日 14:00，绿地和透水地面对点式均匀等高街区和非

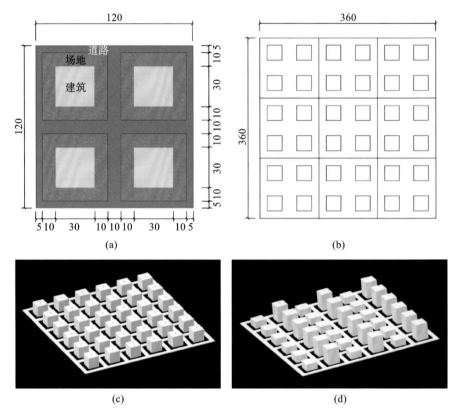

图 2-4　街区模型

(a) 单元平面图；(b) 街区平面图；(c) 等高街区模型；(d) 非等高街区模型

等高街区(建筑高度不等)的地面及建筑表面温度影响的计算机模拟结果。

从图中可以看出一个总体的趋势,即随着绿地及透水地面的增加,相应区域表面温度都有明显下降。这是由于绿地与透水地面水蒸气的蒸腾作用在带走热量的同时,降低了相应表面的温度。另外,非等高街区在同等条件下,下垫面的温度较等高街区高,这是由于非等高街区的低层建筑对其后侧的区域遮挡较少,下垫面接收的太阳辐射较多。夏至日 14:00,基本工况中建筑的西墙面温度最高,南墙面也有着较高的温度,随着绿地的增加,西墙面和南墙面近地处的温度都有明显下降。随着透水地面的增加,西墙面近地处的温度也明显降低。这是随着地面温度降低,墙面靠近地面部分受到

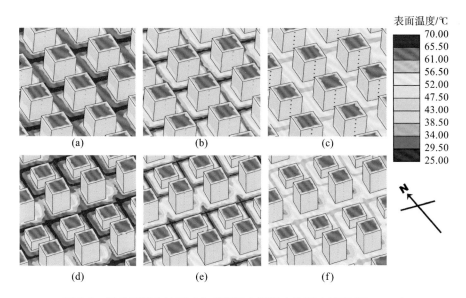

图 2-5　绿地及透水地面对点式街区表面温度的影响(夏至日 14:00)

(a)等高街区基本工况；(b)等高街区有绿地工况；(c)等高街区有绿地和透水地面工况；

(d)非等高街区基本工况；(e)非等高街区有绿地工况；(f)非等高街区有绿地和透水地面工况

的来自地面的长波辐射减少所带来的结果。

　　为了更清楚地分析建筑街区内部的热环境状况,图 2-6 显示了夏至日 14:00 1.5 m 高度平面的空气温度分布。此高度基本代表行人活动的高度。

　　在无绿地、无透水地面的等高街区基本工况中,建筑的东面存在一定的风影区和涡流区,在这个区域风速较低,空气的温度也较高,贴近下垫面的空气温度最大值接近 34.5 ℃。非等高街区高层建筑的北面与低层建筑的南面之间的区域并不是温度较高的区域,而低层建筑的北面与高层建筑的南面之间的区域才是温度较高的区域,温度最大值已超过 35 ℃。主要原因在于低层建筑北面下风向由于后方高层建筑的存在,在较高建筑的迎风面产生了下冲气流,并且低层建筑屋顶的表面温度较高,从低层建筑屋顶流过的气流被低层建筑屋顶加热后,随着下冲气流进入街区的下部空间,同时,下部空间涡流的存在又使进入的热量无法迅速扩散,导致低层建筑的北面与高层建筑的南面之间的空气温度明显升高。

　　当地面设置绿地,但等高街区或非等高街区的风速分布与基本工况相

19

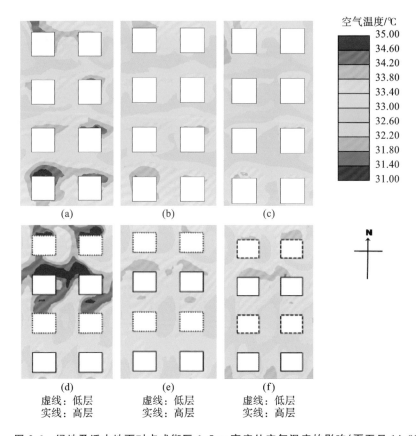

图 2-6　绿地及透水地面对点式街区 1.5 m 高度处空气温度的影响（夏至日 14:00）

(a) 等高街区基本工况；(b) 等高街区有绿地工况；(c) 等高街区有绿地和透水地面工况；

(d) 非等高街区基本工况；(e) 非等高街区有绿地工况；(f) 非等高街区有绿地和透水地面工况

比几乎没有变化时，空气温度分布梯度整体均有了较明显的下降。贴近下垫面的空气温度相比基本工况下降了约 1 ℃。当同时设置绿地和透水地面，且风场分布也基本无变化时，空气温度较有绿地工况又有所下降，主要是在近下垫面的区域。

2. 空调排热位置对点式街区微气候的影响分析

图 2-7 显示了当空调排热位置位于屋顶或侧面时对街区风速和空气温度的影响。屋顶排热时，等高街区 1.5 m 高度平面的风场和温度分布基本

没有变化,这说明屋顶排热对点式等高街区峡谷内的整体风场影响较小。这是由于建筑顶部风速较高,将热量快速地带走,其热量并未对街区峡谷热环境造成较大影响。屋顶排热对非等高街区 1.5 m 高度处的风速分布也基本无影响,但两栋高层建筑之间形成了一个较为封闭的区域,内部风速较低,导致中间低层建筑屋顶排热散发的热量停滞在街区峡谷内,无法像等高街区中那样有效和快速地散失到外部空间,使得街区峡谷内温度上升。这说明屋顶排热对点式非等高街区室外热环境的影响比对等高街区明显。

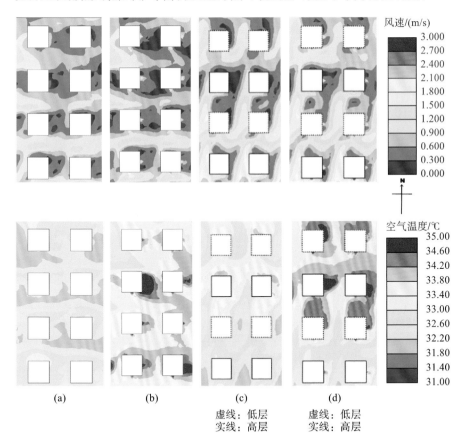

图 2-7　空调排热位置不同对点式街区 1.5 m 高度处风速(上)及空气温度(下)的影响(夏至日 14:00)

(a)等高街区屋顶排热工况;(b)等高街区侧面排热工况;

(c)非等高街区屋顶排热工况;(d)非等高街区侧面排热工况

当空调排热位置设置在建筑的南侧墙面时，等高街区建筑东面的风场涡流变得复杂，风向变得较为凌乱且没有规律。街区峡谷中空气温度有了较大的提升，这是由大量的空调排热进入街区空间引起的，说明侧面排热对于点式等高街区室外热环境的影响较大。而在非等高街区中，街区峡谷中靠近建筑的部位和贴近地面的部位风速较大，这是由于排热气流造成了风场变化。同时两栋高层建筑之间形成了一个较为封闭的区域，内部风速较低，导致大量的空调排热无法有效和快速地散失到外部空间，使得两栋高层建筑之间的低层建筑周边空气温度升高。以上现象说明采用空调侧面排热时，对非等高街区的微气候影响更大。

3. 影响度结果分析

图 2-8 和图 2-9 显示了点式街区影响度的平面图和剖面图，其形成过程为：通过数值模拟获得各个工况中空间内各计算网格的空气温度值，用考虑了各种热源影响的工况中空间各点的空气温度减去基本工况中各相应空间点的空气温度，得到新的空气温度差值的空间分布图，即影响度分析图。

对于建筑外墙显热通量的影响度而言，在不同街区形态的基本工况中，等高街区建筑外墙的显热通量的影响度比非等高街区的影响度稍大。从空调排热的影响度来看，当考虑不同的空调排热位置时，侧面排热对等高街区和非等高街区的影响度都较大。屋顶排热对等高街区峡谷内的空气温度几乎没有影响，但对非等高街区峡谷内的空气温度有一定的影响，温度平均增加了 0.3 ℃。结合风场模拟结果分析，这是由于在非等高街区的低层建筑上空，风场存在下沉进入峡谷内部的路径，并且被下风向高层建筑阻挡，形成涡流卷入低层区域，空调排出的热量没有被有效带出峡谷空间，导致温度有所上升。

从总体看，侧面排热的空调排热影响度具有最高水平，是街区空间热环境的最主要影响因素，同时，建筑外墙显热通量的影响度也具有较高水平，是进行室外热环境调整时不容忽视的影响因素。在等高工况中，屋顶排热的影响度较低，由于建筑高度的关系，对于 1.5 m 处行人高度的热环境影响水平较低，但是在非等高工况中，屋顶排热对部分行人高度空间的影响度也具有较高水平，需要在设计中进行关注。

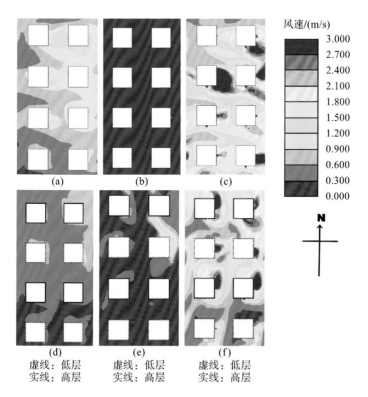

图 2-8　点式街区各工况 1.5 m 高度处影响度平面图(夏至日 14:00)

(a)等高街区基本工况;(b)等高街区屋顶排热工况;(c)等高街区侧面排热工况;

(d)非等高街区基本工况;(e)非等高街区屋顶排热工况;(f)非等高街区侧面排热工况

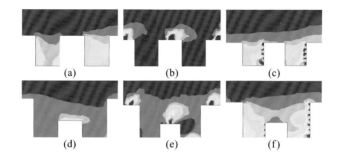

图 2-9　点式街区各工况影响度剖面图(夏至日 14:00)

(a)等高街区基本工况;(b)等高街区屋顶排热工况;(c)等高街区侧面排热工况;

(d)非等高街区基本工况;(e)非等高街区屋顶排热工况;(f)非等高街区侧面排热工况

三、板式街区微气候的影响因子分析

板式街区的工况设定与点式街区相同,只是在建筑的体型上存在差异,建筑的平面尺寸设定为 45 m×20 m。

1. 表面材质对板式街区微气候的影响分析

图 2-10 显示了夏至日 14:00,绿地和透水地面对板式均匀等高街区和非等高街区(建筑高度不等)的地面及建筑表面温度影响的计算机模拟结果。

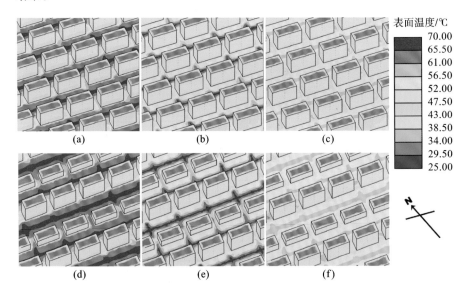

图 2-10　绿地及透水地面对板式街区表面温度的影响(夏至日 14:00)

(a) 等高街区基本工况;(b) 等高街区有绿地工况;(c) 等高街区有绿地和透水地面工况;

(d) 非等高街区基本工况;(e) 非等高街区有绿地工况;(f) 非等高街区有绿地和透水地面工况

14:00 时太阳辐射非常强烈,接近一天中的峰值,街区各部位,屋顶、建筑表皮、场地、路面的温度均达到一个非常高的水平。在相同的材质和辐射条件下,板式非等高街区高层建筑南面与低层建筑北面之间的区域场地和路面温度较高,高层建筑日影区地表温度较低。这是因为高层建筑向阳面朝向低层建筑,阳光较少被遮挡,下垫面能接收的太阳辐射较多,所以升温较快。另外,当场地由混凝土变为植草绿地后,区域场地内的表面温度有了明显的降低,而建筑表面温度及路面温度并未见明显降低。当路面材质由沥青变为透水地面时,路面温度也有了较为明显的降低。因此,绿地和透水地面的增加对下垫面温度都有着非常明显的降低作用,但是对建筑表面温度几乎没有影响。

图 2-11 和图 2-12 显示了夏至日 14:00 板式街区内 1.5 m 高度处的风速和空气温度分布。从风场分布可以看出,板式等高街区前后排建筑之间有着较好的风环境,风场较为流畅,涡流少。从温度场可以看出,板式街区基本工况中峡谷内的温度较点式街区基本工况中峡谷内的温度低,这是由于在同样的容积率和建筑密度下,板式等高街区有着比点式等高街区更好的风环境,热量能够被较快地带走。

在板式非等高街区基本工况中,风场的分布显示出前低后高的区域有着较好的风环境;而前高后低,也就是高层建筑的下风向与低层建筑的上风向之间(即高层建筑的北侧与低层建筑的南侧之间)的区域有着较差的风环境,涡流现象严重。温度场的分布有着与风场分布相关的特征,在风速较小的区域,空气的温度较高,在风速较大的区域,空气的温度较低,说明街区峡谷内室外热环境与风场的分布有着较大的联系。

在板式等高街区有绿地工况中,风场较板式等高街区基本工况几乎没有区别,靠近地面的空气温度略有下降。在非等高街区有绿地工况中,风场较板式非等高街区基本工况几乎没有区别,从温度分布图可以看出,靠近地面的空气温度略有下降。

在板式等高街区有绿地和透水地面工况中,风场较基本工况几乎没有改变,从温度分布图可以看出,靠近地面的空气温度略有下降。在非等高街区有绿地和透水地面工况中,风场较基本工况几乎没有区别,而靠近地面的空气温度有明显下降。

随着绿地和透水地面的增加,空气温度随之下降。建筑周边的温度较街道区域空气温度要高,这是由于太阳辐射导致建筑表面温度较高,对建筑周围的空气具有一定的加热作用。另外,结合本书第四章点式建筑街区模拟的情况来看,温度的分布有较大的不同,高温区位置相同,但是分布的区

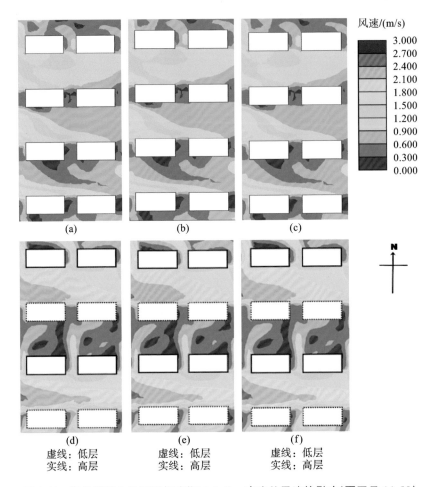

图 2-11　绿地及透水地面对板式街区 1.5 m 高度处风速的影响(夏至日 14：00)

(a) 等高街区基本工况;(b) 等高街区有绿地工况;(c) 等高街区有绿地和透水地面工况;
(d) 非等高街区基本工况;(e) 非等高街区有绿地工况;(f) 非等高街区有绿地和透水地面工况

域形态有了很大的变化,呈现延展性,与板式建筑的形态相关联,与风场的分布有很大的联系。

2. 空调排热位置对板式街区微气候的影响分析

图 2-13 显示了当空调排热位置位于屋顶或侧面时对板式街区风速和空气温度的影响。

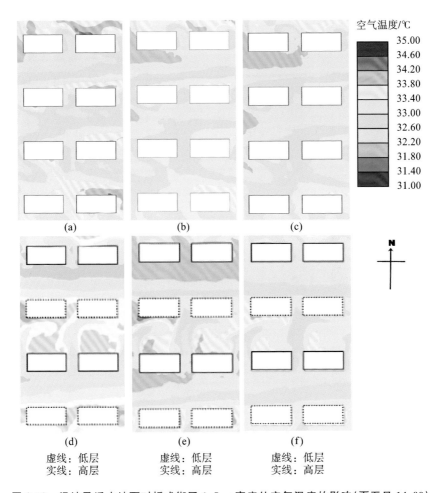

图 2-12　绿地及透水地面对板式街区 1.5 m 高度处空气温度的影响（夏至日 14:00）

(a) 等高街区基本工况；(b) 等高街区有绿地工况；(c) 等高街区有绿地和透水地面工况；

(d) 非等高街区基本工况；(e) 非等高街区有绿地工况；(f) 非等高街区有绿地和透水地面工况

在等高街区侧面排热工况中，建筑南面的风场变得复杂，不似之前那么流畅，局部出现风速非常低的区域；风速较等高街区基本工况风速降低，风环境变差；街区峡谷中空气温度有了非常大的提高，侧面排热对于街区室外热环境的影响非常大。在非等高街区侧面排热工况中，风场的分布并没有大的改变。从风场分布图来看，高层建筑南面与低层建筑北面之间的区域风速有所提高；街区峡谷中的空气温度有所升高，但是升高的幅度不大，远

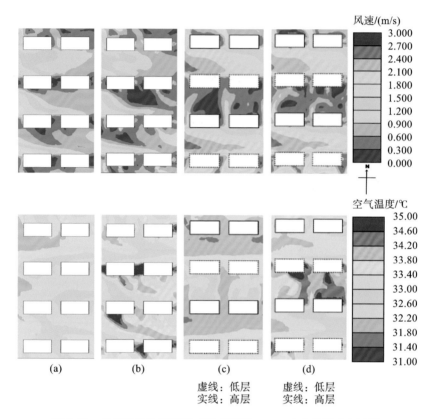

图 2-13 空调排热位置不同对板式街区 1.5 m 高度处风速(上)及
空气温度(下)的影响(夏至日 14:00)

(a) 等高街区屋顶排热工况;(b) 等高街区侧面排热工况;

(c) 非等高街区屋顶排热工况;(d) 非等高街区侧面排热工况

比不上等高街区侧面排热工况中峡谷空气温度升高的幅度。说明侧面排热对板式等高街区室外热环境的影响要比对板式非等高街区大得多。

在等高街区屋顶排热工况中,屋顶排热对于 1.5 m 高度处的风场几乎没有影响,屋顶排热对街区峡谷风速也几乎没有影响。在非等高街区屋顶排热工况中,屋顶排热对风场几乎没有影响,街区峡谷温度有所升高,而且温度升高主要出现在低层建筑北侧至高层建筑南侧之间的风速较大的区域,原因是高层建筑上部的气流将低层建筑顶部排热快速地卷入下冲气流中,并蓄积在街区峡谷中,并没有释放到街区峡谷外部空间,所以导致街区峡谷温度有所上升。

因此,以同样的速率释放同样的热量,侧面排热比屋顶排热对室外热环境的影响要大得多。

3. 影响度结果分析

图 2-14 和图 2-15 显示了板式街区影响度的平面图和剖面图。在不同街区形态的基本工况中,非等高街区的影响度比等高街区的影响度大。

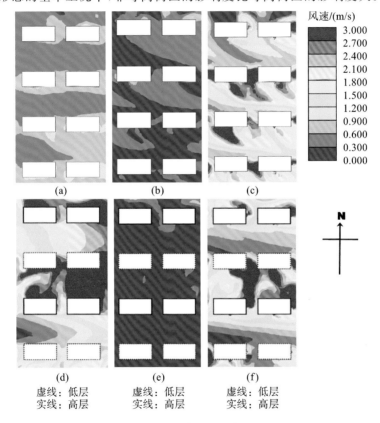

图 2-14　板式街区各工况 1.5 m 高度处影响度平面图(夏至日 14:00)

(a) 等高街区基本工况;(b) 等高街区屋顶排热工况;(c) 等高街区侧面排热工况;
(d) 非等高街区基本工况;(e) 非等高街区屋顶排热工况;(f) 非等高街区侧面排热工况

当考虑不同的空调排热位置时,侧面排热对等高街区的影响度要比非等高街区的影响度大,结合风速分布分析,非等高街区较等高街区的风环境

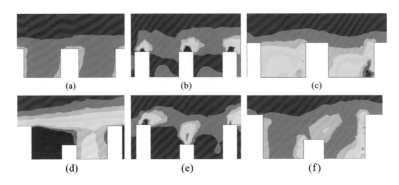

图 2-15　板式街区各工况影响度剖面图(夏至日 14∶00)

(a) 等高街区基本工况；(b) 等高街区屋顶排热工况；(c) 等高街区侧面排热工况；

(d) 非等高街区基本工况；(e) 非等高街区屋顶排热工况；(f) 非等高街区侧面排热工况

更好,街区峡谷内的热量被较快地带走。因此,侧面排热对板式等高街区的影响度大于板式非等高街区。而屋顶排热对板式等高街区和非等高街区的影响度均不大。

本章首先简要介绍了街区微气候的组成要素,包括微气候要素和环境要素。街区微气候要素大体分为风环境和热环境两大方面,研究涉及空气温度、空气湿度、下垫面温度、太阳辐射、气流速度等参数,通常包括温度、湿度、风速、辐射四项主要指标。其次,介绍了街区微气候的热舒适评价指标,包括平均辐射温度、湿球黑球温度、预计平均热感觉指标、预计不满意率、生理等效温度、通用热气候指数、室外标准有效温度、热感觉评价模型与热舒适评价模型等,并简要介绍了它们的计算方法和各自的适用范围。最后,本章以理想点式街区和板式街区为例,介绍了包括形态、表面材质、空调排热位置等因子对街区微气候的影响。分析了不同因子及其组合条件下,街区的表面温度、风速和空气温度的分布状态,并进行了影响度分析。因篇幅所限,本章关于点式街区和板式街区微气候和影响度的介绍仅列举了部分图表和内容,更详细的内容可参考相关文献[1][2]。

---

①　肖姣.基于对流·辐射·传导解析的街区室外热环境影响因子研究[D].武汉:华中科技大学,2012.

②　王剑文.基于居民行为活动的武汉居住区室外热舒适性研究[D].武汉:华中科技大学,2019.

第三章　街区空间微气候的研究手法

从城市微气候的研究历史来看，早期的城市气候研究主要针对城市热环境，缺乏从建筑学角度讨论微气候的研究，街区尺度的室外热环境研究更是缺乏。近年来，热环境的研究对象已越来越多地从城市区域热环境转为局部热环境，研究内容也逐渐与城市布局和城市设计相联系，对街区规模、建筑密度、人口、下垫面粗糙度、街道设计、视野开阔度等因子做相关性讨论，研究也走向了定量化。伴随着研究的定量化、精细化，相关研究手法也得到了长足的发展。

本章中，笔者介绍了在对街区尺度微气候，尤其是风环境和热环境进行研究时常用的研究方法，包括微气候实测、缩尺模型风洞实验、计算机数值模拟及调查研究与样本分析。本章介绍了每种研究方法的原理，并通过部分研究案例帮助读者加深理解；还展示了相关研究方法的操作流程、数据取得与分析的方法及注意事项。这些研究案例从多个角度展示了如何捕捉、提取街区微气候的特性，以及如何通过控制变量对街区微气候变化作进一步分析和研究。

这四种方法是建筑及室外环境领域的常用研究方法，在众多领域的文献及专著中均有介绍。因此，本章在对其进行介绍时，不求面面俱到，而是侧重于这些方法在街区尺度微气候环境研究中应用时的特点及要求。因此，本章不是针对这些技术的详尽研究或应用详解，也不试图指导读者如何对这些研究方法进行学习。相反，本章主要希望读者可以理解在应对城市气候在街区尺度上发生的变化及提取相关微气候信息时所采用的原理。如果读者对本章介绍的研究方法有深入了解的兴趣，请参阅相关文献。

第一节 微气候实测

一、街区微气候实测的方法与要求

1. 实测目的与前期准备

对街区微气候进行实测的目的在于通过实际测量获得最原始、最直接、最真实可靠的街区微气候数据，以便后续进行街区尺度城市微气候的研究，也是对其他研究方法（例如经验公式、感知实验、风洞实验、数值模拟等）进行验证比较的参照基础。在最近的文献资料中，综合采用现场实测和数值模拟产生的研究成果占较大比重。街区微气候实测对于街区尺度城市微气候的研究极为重要。

通过现场实测方法获得研究数据的手段主要有城市气象站观测数值、城市和郊区多个气象站观测数值综合比较、以城市中心及周边气象站组成网络观测数值、便携式气象仪与气象站观测同步分析数值和微尺度梯度气候观测数值等几种。由于城市微气候环境的复杂性特征、街区建成环境的多样性，实测收集数据可以更好地对其他研究方法的结果进行比对与验证。在不同的研究计划中，实测数据的收集也不尽相同。需要依据研究目的和研究地区的气候特点，选择冬季、夏季和过渡季典型日或典型月中的不同工况进行大量的数据采集，用来支撑微气候环境的研究。在具体的实测计划中，对测试工具的精确度、测试范围的大小与数据数量、收集数据的时间段控制、测试地点的选择、天气影响因素及人为影响因素的控制等都要进行缜密的安排才能确保实测数值的真实可靠性。

因此在实测之前应当充分了解实测区域的背景情况，根据天气预报等计划实测时间，然后确定实测点的位置。

2. 测量设备

常用的测量设备包括风速测量设备（热线风速仪、热球风速仪、三杯风速仪等）、风向测量设备、空气温湿度测量设备（温湿度自记仪、干湿球温度计等)、表面温度测量设备(热电偶、红外线相机等)、直达日射或全天日射测量设备等,如表 3-1 所示。

表 3-1　常用测量设备

设 备 名 称	测量物理量	单　　位
风速传感器	风速 V_a	m/s
湿度传感器	相对湿度 RH	%
黑球温度传感器	黑球温度 T_g	℃(或 K)
湿球温度传感器	湿球黑球温度 WBGT	℃(或 K)
空气温度传感器	干球空气温度 T_a	℃(或 K)
全天日射传感器	全天日射量 R	W/m²

3. 数据采样与分析

数据采用自动读数或者人工读数的方法。采集完所有数据之后可进行相关分析。

二、案例:武汉滨江街区微气候实测

本节选取湖北省武汉市长江滨江街区地块夏季实测作为案例,介绍实测的基本流程、实测内容、测点选取、数据采集、数据分析及相关要点。由于篇幅所限,本节仅选取代表性内容进行简要介绍,该实测详细内容可参考相关文献①。

1. 实测概要

实测地块选取武汉市汉口三阳路与二曜小路之间,长江附近某滨江街区(图 3-1 红色部分)。实测街区建筑类型多为武汉传统里份建筑,规划布局较完整。该街区西边是高层住宅区,东北边有少数多层商业建筑,南边大多为多层建筑。三阳路为街区主干道,二曜小路为街区次干道。

---

① 韩干波.基于城市气候图的街区形态更新设计策略研究——以武汉市滨江街区研究为例[D].武汉:华中科技大学,2012.

实测时间选取武汉7—8月的晴天,正式的测试阶段连续进行了2天,并于与实测地段相邻的武汉市某大楼屋顶设置了背景气象数据实测点。测定的项目见表3-2,主要实测内容为街区温度、相对湿度、风向、风速、辐射温度、地表温度等。

图 3-1　实测地块示意图

(图片来源:Google Earth)

表 3-2　夏季实测测定项目一览表

测点类型	测定位置	测定项目	测定装置
背景测点布置区域	实测街区附近某高层建筑屋顶	太阳总辐射	太阳总辐射表
		温度	温湿度自记仪
		相对湿度	温湿度自记仪
		风速、风向	风速、风向记录仪
实测测点布置区域	实测街区	温度	温湿度自记仪
		相对湿度	温湿度自记仪
		风速、风向	风速、风向记录仪
		黑球温度	黑球温度自记仪
		地表温度	红外热成像仪

背景测点布置于实测街区附近的某高层建筑屋顶。该建筑有27层,高度约100 m,是实测街区附近最高的建筑。背景测点位于此建筑屋顶,以确保背景测点取得大气边界层惯性子层的特征,并尽量避免城市冠层[即建

(构)筑物、人工活动]对背景测点的影响。温湿度自记仪每 30 s 记录 1 次，太阳总辐射表和风速、风向记录仪均 1 min 记录 1 次。在实测地块中，温湿度、风速、风向、黑球温度的测量位置均为离地面 1.5 m 高度处，温湿度自记仪测量间隔 30 s，黑球温度自记仪测量间隔 3 min，风速、风向记录仪测量间隔 10 min。

实测街区设置了 10 个测点，其中，1 号、9 号测点位于江滩公园内，周边无任何遮挡物；2 号、3 号、6 号三个测点位于实测街区外围的城市主干道上；7 号、8 号测点位于实测街区外围的支路上；4 号、5 号、10 号测点位于实测街区内部。各个测点的位置逐渐远离长江、靠近城市中心区域。图 3-2 展示了测点布置平面。

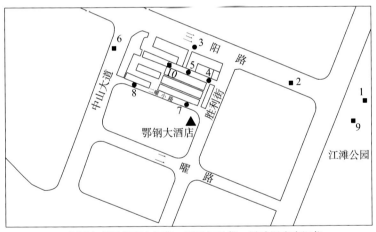

● 仪器包括温湿度自记仪、风速记录仪、黑球温度自记仪
■ 仪器包括温湿度自记仪、风速记录仪

图 3-2　实测地块测点布置示意图

2. 背景气象数据

实测期间，天气晴朗，空气温度较高，太阳辐射较强，天空基本没有云层遮挡，江边风速较大，整个气候环境是较典型的夏热冬冷气候。太阳辐射 5:40 开始，19:00 结束，太阳辐射最大瞬时值约为 1200 W/m²（图 3-3）。实测期间基准点的风向上午较不稳定，下午较稳定，在南偏东 22.5°到南偏西 45°的范围内分布较多，基本以东南风为主（图 3-4），这和武汉夏季主导风向是一致的。最大瞬时风速约为 8.1 m/s，日平均风速约为 1.7 m/s，白天风速相

对较大,夜晚风速较平稳。由图 3-5 可看出 7 月某日的 2 min 平均风速变化情况。在实测期间,日平均空气温度为 32.65 ℃,日最高空气温度均在 36.5 ℃以上,日最高空气温度均出现在 13:30 至 15:40(图 3-6)。

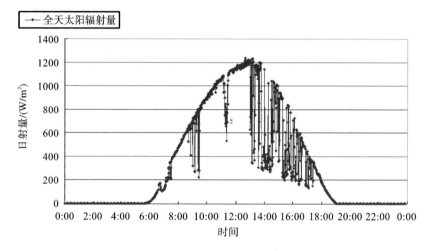

图 3-3　7 月某日基准点全天太阳辐射量

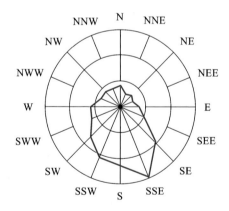

图 3-4　7 月某日基准点风玫瑰图

3. 实测数据及研究

(1)风速及风向数据研究。

图 3-7 显示了 7 月某日各测点风向散点图。

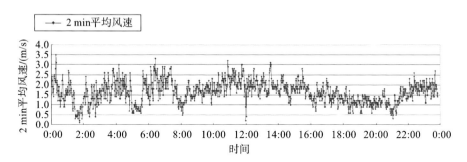

图 3-5　7 月某日基准点全天 2 min 平均风速

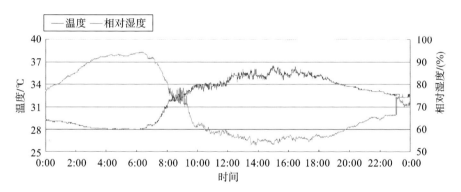

图 3-6　7 月某日基准点温湿度对比图

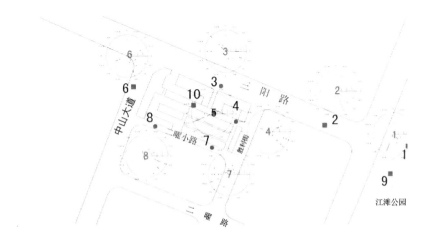

图 3-7　7 月某日各测点风向散点图

风速、风向选取 1 号和 4 号测点进行分析举例,其主导风向及平均风速见表 3-3。1 号测点平均风速较大;4 号测点位于某里份巷内,平均风速较小。

表 3-3 1 号、4 号测点主导风向及平均风速

日　　期	1 号测点		4 号测点	
	主导风向	平均风速 /(m/s)	主导风向	平均风速 /(m/s)
第一日	SSW	4.01	SEE、SE	0.57
第二日	SSE	3.52	SEE、NEE、NWW	0.81

如图 3-8 所示,1 号测点风向基本为西南风和东南风,其中 SSW 风向的出现频率最高,且基本集中在下午,SSW 风向基本和江面平行。江面风速较大,处于 3~5 m/s 区间的风速较多,从现场体验来看,江边空气温度较市内低,且风速较大,人体感觉较舒适。

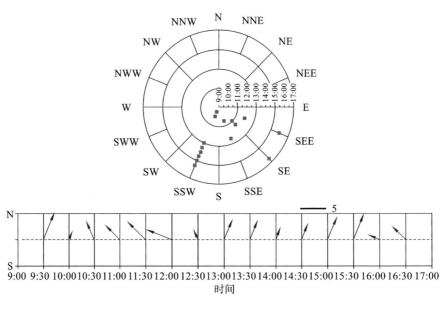

图 3-8 7 月某日 1 号测点风向散点及风速向量图

如图 3-9 所示,4 号测点风向中 SSE、SE 的出现频率最高,大部分时段风速较小。4 号测点位于某里份巷道口,此测点受人的活动影响较大,对风速有一定的影响。且 4 号测点下端还有与巷道十字交叉的巷道,因此 4 号测点可能受涡流的影响,风向不是很稳定。

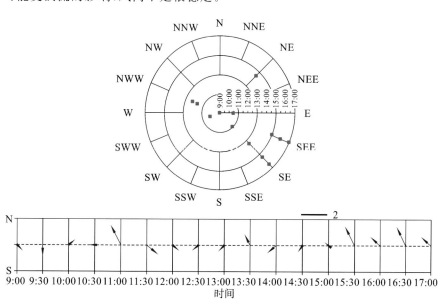

图 3-9　7 月某日 4 号测点风向散点及风速向量图

(2)温湿度数据研究。

温湿度研究选取 1 号、4 号测点进行举例分析。

图 3-10 显示了 1 号测点的温湿度变化趋势。1 号测点位于江滩公园,离江岸较近。整个江滩公园比较开阔,绿地率较高,实测期间太阳辐射较强,风速较大。1 号测点温度从 9:00 到 14:00 逐渐上升(从 32 ℃升到 35 ℃),14:00 到 15:00 出现一个谷底,14:00 到 17:00 温度基本维持在 35 ℃以上。相对湿度的变化规律和温度相反。图 3-11 显示了 15:00 该测点周边的表面辐射温度。

图 3-12 显示了 4 号测点的温湿度变化趋势。4 号测点位于巷道口,巷道宽 3.6 m 左右,两边都是两层坡屋顶的民房,路面是硬质铺地,绿化较少。如图 3-12 所示,最高温度基本都在 37 ℃左右,14:00 以后的相对湿度基本在 55% 左右。

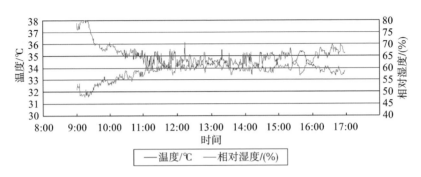

图 3-10　7 月某日 1 号测点温湿度变化图

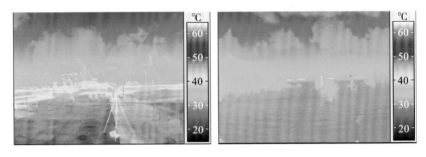

图 3-11　7 月某日 15:00 1 号测点(左)及江面(右)红外图像

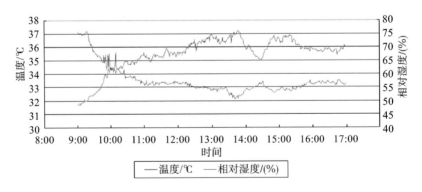

图 3-12　7 月某日 4 号测点温湿度变化图

（3）平均辐射温度研究。

选取具有代表性的 3 号、4 号、8 号测点进行平均辐射温度分析。图3-13 显示,所有测点在 12:00 至 14:00 达到平均辐射温度峰值。其中,3 号测点的平均辐射温度较低,4号、8号测点的较高,最高值近60℃。由于3号测点位于三阳路,行道树为法国梧桐,枝叶茂盛,3号测点基本处于阴影区中,平均辐射温度一直较低。4号、8号测点所处的地方14:00以前一直有较强的太阳辐射,14:00以后由于建筑遮挡了太阳直射光,所以平均辐射温度也急剧下降,可见建筑或植被遮阳对热环境影响较大。

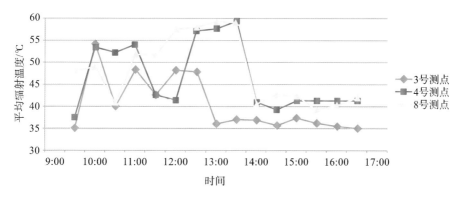

图3-13　7月某日3号、4号、8号测点平均辐射温度

第二节　缩尺模型风洞实验

一、缩尺模型风洞实验介绍

缩尺模型风洞实验,是实际街区系统的简化硬件替代,它允许进行准受控实验,以模拟一个或多个变量对街区微气候的影响。通常在缩尺实验中,对城市元素(如建筑物和树木)进行等比例缩放或者极大简化(如用立方体代替建筑物)。模型按照实际街区等比例放大或缩小构建,其边界条件根据实测或经验值给定。

缩尺模型风洞实验将构建好的模型(通常为缩小模型)置于风洞中,将其暴露于模拟城市大气边界层的风场中,如图3-14所示。此外,还可加以局部发热以表达由于太阳辐射或人工排热等因素造成的局部温度不均匀性。利用设置在缩小街区模型各处的传感器,获得风速、空气温度或污染物的分布状况或发展过程。近年,发展出了粒子图像测速(particle image velocimetry,PIV)法,利用高速摄像机拍摄流场内示踪粒子的激光反射光线,无接触式地获得流场瞬态、多点的速度分布(图 3-15)。

图 3-14　街区微气候的风洞实验

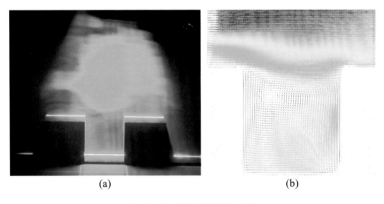

(a)　　　　　　　　　　　　　　(b)

图 3-15　PIV 法测速示意
(a) PIV 法测量实景;(b) PIV 法的平均风速结果

二、相似性

　　缩尺模型风洞实验的关键是建立相似性,即缩尺模型与其试图模仿的原型之间的相似性。相似性能够确保实验条件及实验结果与原型街区微气候等比例缩放。理想的相似性应该保证所有物理量均相似,但这不现实。例如,若缩尺模型的空间长度是原型街区的 1/100,则理想状态下风速、温度、空气黏性均应等比例缩小为原来的 1/100，这显然无法达到。因此，实际操作时，通过量纲分析，对二者在物理和大气特性中的关键比率进行匹配来实现。

主要的相似性包括几何相似性、动力学相似性、热力学相似性。它们保证了表面积和形状、流体流动状态和传热过程三方面的相似性。实验结果和实际街区的微气候物理量分别经过量纲归一化之后相等。

几何相似是最基本的相似形式，只需要等比例缩放原型街区中的长度尺寸，以确保缩尺模型和原型之间的几何关系。对于街区而言，这意味着保留了重要的无量纲参数，例如街峡高宽比（$H：W$）、不同表面材质的面积比例等。

动力学相似是保证流体流动状态相似的重要要求。一般需要保证缩尺模型和原型街区各自的雷诺数（Reynolds number，Re）相等。Re 是描述流体运动时惯性力与黏性力之比的无量纲参数，按式（3-1）计算。

$$Re = \frac{L \cdot U}{\nu} \tag{3-1}$$

式中：L 为几何模型的代表长度（m）；U 为代表风速（m/s）；ν 为流体的动黏性系数，对于空气，通常取 $\nu = 1.5 \times 10^{-5}$ m^2/s。

热力学相似可确保传热过程相似，通常难以要求温度等比例缩放，因此主要要求模型中的温度差（空气及表面等）与原型中的温度差相匹配。同时，需要考虑各种材料的蓄热性能的缩放比例。通常估计原型材料或构件的蓄热性能后，在缩尺模型中的建筑内部添加水容器，以保证蓄热性能的相似性。

第三节　微气候数值模拟

一、街区微气候数值模拟——对流·辐射·传导耦合模拟

1. 对流·辐射·传导耦合模拟方法概要

建筑围护结构的受热过程包括吸收太阳辐射、与空气的对流热交换、围

护结构的内部热传导这三个过程，而且这三个过程是同时起作用的，如图 3-16和表 3-4所示。要准确描述与分析街区与建筑内部的热环境状况，必须将上述三个物理过程进行耦合分析。

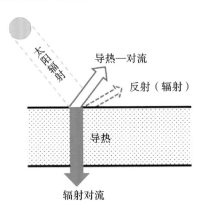

图 3-16　建筑围护结构受热过程

表 3-4　建筑围护结构传热基本过程及传热方式

建筑围护结构传热过程简图	符　号　示　意	热量的传递过程
感热　　传热　　散热	d：围护结构厚度（mm） t_o：室外空气温度（℃或K） t_i：室内空气温度（℃或K） θ_o：墙体外表面温度（℃或K） θ_i：墙体内表面温度（℃或K）	表面感热：对流、辐射 构件传热：导热 表面散热：对流、辐射

室外环境的形成与太阳辐射、风、人工排热等各种要素相关。因此，对室外温热环境进行综合解析时需要对相关的物理现象，即空气的输送、热的输送、水蒸气的输送、辐射等进行耦合模拟。室外温热环境形成机理和各种方程如图 3-17所示。

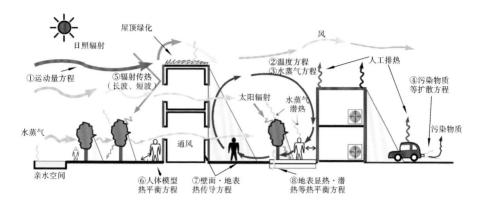

图 3-17　室外温热环境形成机理和各种方程[①]

室外温热环境耦合模拟流程如图 3-18 所示，先在输入步骤中输入边界条件，主要包括三方面的内容：太阳信息、市区规划信息及地形几何形状和表面材质信息。在中间步骤的前半段进行辐射计算，并将辐射计算所得到的地表面温度及建筑外壁表面温度作为边界条件，进行对流与热·水蒸气输送的耦合 CFD 计算，得到新的风速、风向、空气温度分布。

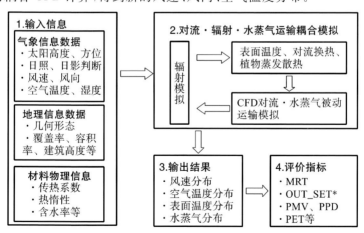

图 3-18　室外温热环境耦合模拟流程[②]

①　村上周三．CFD 与建筑环境设计［M］．朱清宇，等，译．北京：中国建筑工业出版社，2007．
②　同①。

对流・辐射・传导耦合模拟的计算步骤如下。首先,进行非稳态辐射计算,得到街区界面的表面(建筑表面、地表面等)温度。在进行辐射计算时,空间的空气温度按照均一条件考虑,其数值根据气象数据设定,另外,为了充分考虑建筑的围护结构及地面的蓄热效果,通常需要在目标时间之前进行非稳态预备计算,确保辐射和材料蓄热过程充分进行,如 48 h 内的非稳态变化,取最后时间点的表面温度分布作为计算结果。其次,将表面温度的计算结果作为边界条件进行 CFD 计算,得到风速、风向及空气温度的空间分布。在获得上述 CFD 计算的结果后,可将其结果反馈给辐射计算,进行下一个时间点的耦合计算。

2. 太阳辐射的计算

(1) 太阳辐射日照率的计算。

如图 3-19 所示,在建筑、地面、天空和太阳轨迹的关系图上,构成建筑物壁体表面和地面的微元面上的点垂直向外的单位法线向量,用 n 表示,指向太阳方向的单位向量用 e 表示,微元面上的点获得阳光的条件为:

$$e \cdot n = \cos\theta^* > 0 \qquad (3-2)$$

式中:θ^* 为微元面上垂直向外的法线向量的太阳入射角。

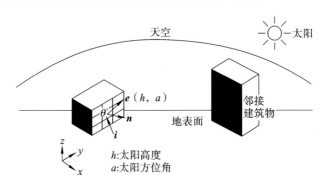

图 3-19　室外空间各向量的关系[①]

从地表面或者建筑外表面各点沿太阳辐射方向的反向发出粒子,然后

---

① 村上周三.CFD 与建筑环境设计[M].朱清宇,等,译.北京:中国建筑工业出版社,2007.

对粒子的轨迹进行跟踪。当粒子到达周围建筑物时，太阳光被遮住，粒子放出点被阴影遮盖。在微元面 i 上进行 N_t 次重复操作，获得不被周围建筑遮挡的到达太阳的粒子数 N_i，即可求出直接到达微元面 i 的太阳辐射的照射比例（日照率）γ_i：

$$\gamma_i = \frac{N_i}{N_t} \tag{3-3}$$

（2）天空角系数的计算。

基于反映辐射簇辐射角度的辐射数量分布，从微元面 i 个点随机地向各个方向辐射出辐射簇。然后用上述方法，求得不受建筑遮挡的到达天空的辐射簇的比例，即微元面对天空的角系数 $F_{i,sky}$。

3. 边界条件的设定

输入模拟的边界条件，主要包含两方面：一是气象信息数据，包括太阳高度和方位、太阳辐射量、空气温度、湿度、风速等；二是地理信息数据，包括街区和建筑的具体形态和相关参数、各表面材料的热特性参数及空调排热的情况。设定的各项边界条件中，气象信息条件来源于具体的实测或当地气象部门提供的逐时气象数据。

其中，流入的边界条件需要特别注意。通常流入数据应基于实验值或观测值获取平均风速分布及湍流动能。对目标街区而言，由于粗糙城市表面的影响，流入风（上风向来流风）主流方向的平均风速分布通常在垂直方向上遵守指数法则，即

$$U_{\text{streamwise}} = U_0 \left(\frac{z}{z_0} \right)^{\alpha} \tag{3-4}$$

式中：z 为高度（m）；$U_{\text{streamwise}}$ 为 z 高度上流入风主流方向的平均风速（m/s）；z_0 及 U_0 分别代表基准高度（m）及该高度上的平均风速（m/s）；α 为粗糙度指数，根据日本建筑学会公布的数据[①]，在低层建筑密集区域或中层建筑散落区域可取 $\alpha=0.2$，而在以中层建筑为主的高密度城市可取 $\alpha=0.27$。

另外，除了本章介绍的模拟方法，目前还开发出了基于有限体积法或格

---

① 日本建築学会. 市街地風環境予測のための流体数値解析ガイドブック：ガイドラインと検証用データベース［M］. 東京：日本建築学会，2007.

子玻尔兹曼统计法的大涡模拟(large eddy simulation，LES)法等非稳态模拟方法[1][2]。对于此类方法，流入边界需要提供每时每刻的瞬时湍流风数据。湍流风数据的生成及赋值方法可参考相关文献[3][4]。

围护结构热工参数可根据实验室实测、厂家提供的相关参数，或相关国家标准规范如《公共建筑节能设计标准》(GB 50189—2015)[5]等来设定。

4. 人工排热的导入

当采用对流·辐射·传导耦合模拟方法模拟街区非等温微气候时，人工排热是一个很重要的因素。常见的人工排热包括交通排热和空调排热，其中，空调排热由于其位置固定，排热具有规律性、周期性的特点，应纳入解析过程。因此，在CFD解析过程中，应按照实际情况设置空调排热边界条件。空调的排热数据可根据室内能耗的计算机模拟结果计算得出，或由相关厂家提供，或直接实测得到。图3-20显示了冷却塔和风冷式室外机的排热实测场景[6]。

空调室外机排热形式主要有风冷式和水冷式(冷却塔)。主要应当获取的排热参数包括排热口面积、排出风速、排热温度、排出口相对湿度(一般同大气湿度)。图3-21显示了某空调室外机排热实测结果[7]。

① BLOCKEN B, STATHOPOULOS T, CARMELIET J, et al. Application of computational fluid dynamics in building performance simulation for the outdoor environment: an overview[J]. Journal of Building Performance Simulation, 2011, 4(2): 157-184.

② HAN M T, OOKA R, HIDEKI K. Validation of lattice Boltzmann method-based large-eddy simulation applied to wind flow around single 1 : 1 : 2 building model[J]. Journal of Wind Engineering and Industrial Aerodynamics, 2020, 206: 157-184.

③ 同②。

④ TOMINAGA Y, MOCHIDA A. AIJ Benchmarks for validation of CFD simulations applied to pedestrian wind environment around buildings[M]. Tokyo: Architectural Institute of Japan, 2016.

⑤ 中华人民共和国住房和城乡建设部，中华人民共和国国家质量监督检验检疫总局. 公共建筑节能设计标准：GB 50189—2015[S]. 北京：中国建筑工业出版社，2015.

⑥ 韩梦涛. 空调排热对建筑空调能耗影响的研究[D]. 武汉：华中科技大学，2013.

⑦ HAN M T, CHEN H. Effect of external air-conditioner units' heat release modes and positions on energy consumption in large public buildings[J]. Building and Environment, 2017, 111: 47-60.

图 3-20 冷却塔(左)和风冷式室外机(右)的排热实测场景[①]

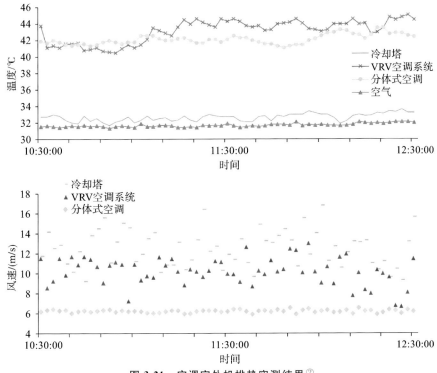

图 3-21 空调室外机排热实测结果[②]

（冷却塔为水冷式；分体式空调为风冷式）

① 韩梦涛. 空调排热对建筑空调能耗影响的研究[D]. 武汉：华中科技大学，2013.

② HAN M T，CHEN H. Effect of external air-conditioner units' heat release modes and positions on energy consumption in large public buildings[J]. Building and Environment，2017，111：47-60.

二、模拟案例：武汉滨江街区微气候模拟及其与实测比较

本节选取本章第一节的实测街区即武汉滨江街区进行微气候模拟，介绍了对街区微气候进行计算机模拟的基本流程、边界条件的设置及相关要点，并将模拟结果与第一节中介绍的实测结果进行了比较。由于篇幅所限，本节仅选取代表性内容进行介绍。

1. 模型建立及边界条件设定概要

（1）模型的建立。

本章研究的街区模型基地在武汉市汉口滨江实测街区。如图 3-22 所示为辐射模拟计算和 CFD 计算用模型（图中红色区域为目标研究街区），由于本节主要研究建筑形态对城市热环境和风环境的影响，因此建筑模型的建立通过简化，只保留建筑体量而不考虑建筑细节（如窗户、细小构件等），街道行道树及其他构筑物均不考虑。道路、绿地、开敞空地、停车场均保留。

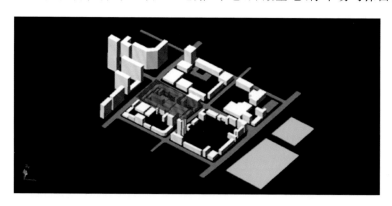

图 3-22　数值模拟模型示意图

（2）边界条件的建立。

模拟选取的日期与实测一致，为 7 月某日。该日天气晴朗，空气温度较高，太阳辐射较强，天空基本没有云层遮挡，江边风速较大，主导风向为SSE，最大瞬时风速约为 8.1 m/s，日平均风速约为 1.7 m/s，在实测期间，太阳辐射最大辐射瞬时值约为 1200 W/m²，日平均空气温度为 32.65 ℃，日最高空气温度在 36.5 ℃ 以上。

武汉位于北纬 29°58′至 31°22′,东经 113°41′至 115°05′,冬季主导风向为北和东北,夏季主导风向为东南和南偏西。室外计算风速为江边 1 号测点的 7 月某日各个时刻点实测所得的瞬时风速(离地面高度 10～15 m),主导风向为 SSE。辐射模拟解析的流入温度设定为 7 月中某两日内基准点各整点的瞬时空气温度,CFD 解析中各时刻点数值模拟的流入风速、流入空气温度及边界条件见表 3-5,水面温度根据实测红外照片的数据设定为 28 ℃。

表 3-5　边界条件

湍流模型	标准 k-ε 模型
入口边界	$U=U_0(Z/Z_0)^{1/4}$ $U_0=3 \text{ m/s};Z_0=74.6 \text{ m}$ 湍流动能(TKE):$k=1.5(I×U_0)^2$ 湍流耗散率(TDR):$\varepsilon=C_\mu k^{3/2}/I$ $I=4(C_\mu k)^{1/2}Z_0 Z^{3/4}/U_0$ 太阳辐射:根据实测所得 7 月某日武汉逐时太阳辐射量
出口边界	pressure zero-gradient(零压力梯度)
天空边界	free slip(自由滑移)
地面、墙体表面边界	generalized logarithmic law(广义对数定律)
流场两侧边界	symmetry(对称)
空调排热口边界	风速(m/s):3.5(9:00)、4.0(11:00)、4.3(13:00)、4.9(15:00) 温度(℃):32.2(9:00)、33.4(11:00)、34.2(13:00)、35.0(15:00) 湍流动能:$k=0.1 \text{ m}^2/\text{s}^2$ 湍流耗散率:$\varepsilon=1.0 \text{ m}^2/\text{s}^3$

2. 模拟结果及其与实测值的比较

(1)表面温度的数值模拟结果。

建筑表面及地表面的温度在 9:00 到 13:00 时不断升高,15:00 开始下降。由于路面是沥青材质,故地表面温度非常高。13:00 的时候,地表面的温度为 65～70 ℃,与用红外照相机拍摄获取的结果基本一致。

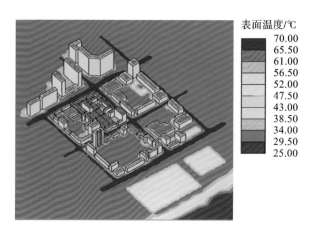

图 3-23 7 月某日 13:00 表面温度分布模拟结果

（2）风速、风向模拟结果及其与实测的比较。

图 3-24 为实测街区 7 月某日 13:00 风速实测值和模拟解析值对比。风速、风向的模拟解析值与实测值有一定偏差,但是整体分布的规律基本一致。该偏差由实测的误差及模拟的精度误差等共同导致。

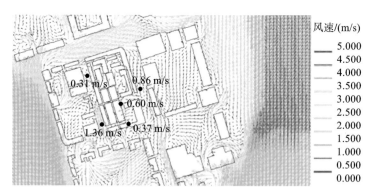

图 3-24 7 月某日 13:00 风速实测值和模拟解析值对比(黑色点为实测值)

（3）空气温度模拟结果及其与实测的比较。

根据图 3-25 可知,各实测点温度分布在 34～37 ℃,模拟解析的温度分布在 33～38 ℃。从各时间点的实测值和模拟解析值的对比来看,两者之间表现出了较好的一致性。

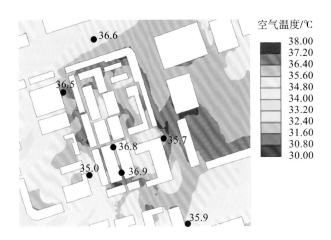

图 3-25 7 月某日 13:00 空气温度实测值和模拟解析值对比(黑色点为实测值)

第四节 基于热舒适的微气候调查 研究及样本分析

一、方法介绍

对于街区微气候的调查研究除了本章第一节中所述的获取街区微气候的实际状态,分析街区微气候的形成机理等内容,对于街区外部空间的人体热舒适研究也是非常重要的内容。室外人体热舒适的研究主要涉及室外空间的空气温度、湿度、风速、太阳辐射等微气候参数,以及人体处于这个环境中的热感觉等。对于微气候参数,在研究中可以采用各类微气候参数测试仪器进行实际测量来获取。对于人体热感觉的研究一般通过对处于相应空间中的相当样本数量的居民进行问卷调查等方式实现。在研究中可对街区室外空间的微气候实测数据与该处人体热舒适问卷调查的结果进行相关性研究,发现人体热舒适与微气候参数的关联性,从而分析街区室外空间中影响人体热舒适的主要因素,以及改善街区室外微气候的设计策略。

因此,通常采用以仪器采集微气候数据和人员问卷调查同步进行的方

式开展研究。

①通过对街区空间中不同典型区域的微气候实测,采集基本气象参数,例如空气温度、相对湿度、风速、黑球温度这四个参数,分析各典型区域的微气候特征,以及特征形成的原因。

②对在街区典型空间进行活动的人们进行热舒适问卷调查,并通过对问卷调查的结果进行分析,得出各典型区域人们的行为规律及主观热感觉投票值产生差异的原因。

在进行问卷调查时,考虑到接受调查者填写问卷的主观性,以及人体对于热舒适感觉的差异性,需要进行一定数量的问卷调查才能使问卷的结果具有一定的代表性。同时,根据研究目标的不同,接受问卷调查的人员构成也需要进行考虑。例如不同年龄阶段、不同性别,甚至不同的收入水平、不同的文化与地域背景都可能对问卷调查的结果产生影响。因此,进行问卷调查时应考虑上述因素的平衡。同时,在设计调查问卷时也需要考虑这些影响因素。调查问卷的主要内容可以包括(但不限于)以下几个方面。

①基础背景情况:年龄、性别、职业背景、活动状态、着装情况等个人状况,以及当前时刻、所在的空间区域等信息。

②微气候热舒适调查:调查该微气候条件下的热感觉及热舒适度(例如"不可接受""可接受"和"舒适")、满意度及热期望等。对热感觉可采用Fanger提出的7级热感觉指标进行分类。

③行为活动调查:什么时候到此处活动及活动目的等。

二、案例:武汉市居住区过渡季微气候特征和热适应行为活动调查

接下来介绍一个针对街区微气候进行调查的研究案例。该研究针对武汉典型居住区公共空间的过渡季热适应行为进行了实际问卷调查,以研究不同公共空间的热环境参数、使用者的热舒适投票。通过案例介绍,展示了在进行微气候调查研究时的基本流程、调查目的、问卷的设置、调查方法、样本分析和统计的方法。由于篇幅所限,仅选取代表性内容进行介绍。该实

测详细内容可见参考文献[①]。

1. 调查目的与方案设计

（1）实测及调查地点选择。

实测与问卷调查时间为某年 5 月至 11 月，其中春季一次，秋季两次，每次选择晴朗天气连续测试两天。

测点选取遵循两个原则：首先，该区域具有较高的使用率和开展多种活动的可能性，以便获得更好的观察结果；其次，公共空间具有多样的热环境条件，例如具有多样化的植被、景观和建筑物。

（2）实测及调研方法。

热舒适调研包括对居住区公共空间的热环境数据采集和问卷调查两部分，实测和问卷调查同时进行。研究人员现场记录各测点的总体使用率及按年龄、性别和活动类型分列的使用率。热环境实测可以测量基本的气象参数，即空气温度、相对湿度、风速、黑球温度四个参数。

根据受访者文化背景、视力情况等背景信息，采用自填式电子问卷调查和访问式纸质问卷调查两种互相补充的调查方式，两种问卷内容保持一致。采用访问式纸质问卷主要是考虑文化水平受限者和视力下降的老年人，问卷填写的方式同电子问卷形式。研究对象人群分为五个年龄组：6～12 岁、13～18 岁、19～40 岁、41～65 岁、65 岁以上。记录居民室外活动的主要类型，并参考 ASHRAE 55 标准[②]列出活动类型对应的新陈代谢量和活动强度。问卷包含职业背景、性别、着装情况等个人信息，同时还收集受访者的停留时间、自我报告的热感觉、热舒适度（"不可接受""可接受"和"舒适"）、满意度及热期望等信息。

图 3-26 显示了公共空间热环境自填式电子问卷的部分题型。问卷主要包括四个部分：个人信息、活动选择、热感觉偏好和整体的热舒适评价。同时记录的信息还包括室外活动水平及最近 15 min 的热经历。

① 王剑文.基于居民行为活动的武汉居住区室外热舒适性研究[D].武汉:华中科技大学，2019.

② American Society of Heating, Refrigerating and Air-Conditioning Engineers, ANSI/ASHRAE Standard 55R：2010，*Thermal Environmental Conditions for Human Occupancy*，2010.

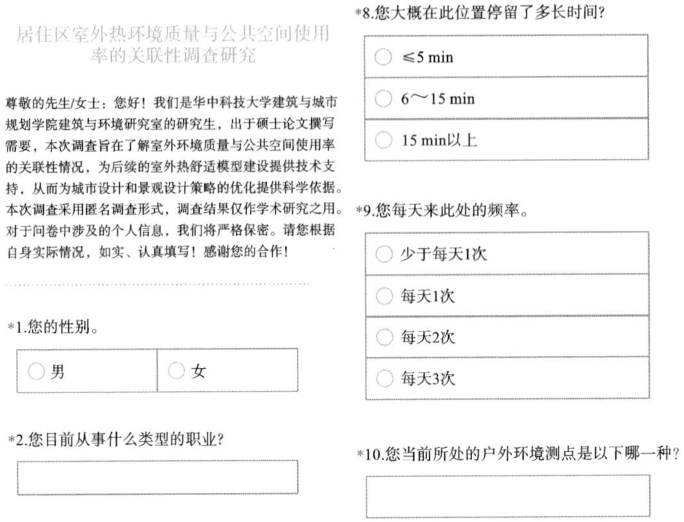

居住区室外热环境质量与公共空间使用率的关联性调查研究

尊敬的先生/女士：您好！我们是华中科技大学建筑与城市规划学院建筑与环境研究室的研究生，出于硕士论文撰写需要，本次调查旨在了解室外环境质量与公共空间使用率的关联性情况，为后续的室外热舒适模型建设提供技术支持，从而为城市设计和景观设计策略的优化提供科学依据。本次调查采用匿名调查形式，调查结果仅作学术研究之用。对于问卷中涉及的个人信息，我们将严格保密。请您根据自身实际情况，如实、认真填写！感谢您的合作！

*1.您的性别。

| ○ 男 | ○ 女 |

*2.您目前从事什么类型的职业？

*8.您大概在此位置停留了多长时间？

○ ≤5 min

○ 6～15 min

○ 15 min以上

*9.您每天来此处的频率。

○ 少于每天1次

○ 每天1次

○ 每天2次

○ 每天3次

*10.您当前所处的户外环境测点是以下哪一种？

图 3-26　公共空间热环境自填式电子问卷示意图

问卷中受访者的热感觉和热舒适调查采用 TSV、TCV 量表和热环境参数的热偏好投票 3 级量表：7 级 TSV 量表的级别为"－3（非常冷）"至"＋3（非常热）"，5 级 TCV 量表的级别为"－2（非常不舒适）"至"＋2（非常舒适）"。采用热偏好投票 3 级量表中"（＋1）高一点""（0）不变""（－1）低一点"的模式，来采集受访者对于四种热环境参数的主观评价。此外，为了研究受试者对热环境的适应行为类型，仅对在空间停留超过 15 min 的人群进行问卷调查，不采集公共空间内必须穿越空间的通过性活动人群的主观热舒适评价。

2. 武汉地区全年室外热环境特征与使用者行为需求调查结果

（1）武汉地区热环境参数的全年监测情况。

武汉属于夏热冬冷区的典型城市，年平均空气温度在 15.6～17.6 ℃。武汉的夏季始于 6 月，止于 9 月，持续时间较长，达 135 天，7 月和 8 月是武汉最炎热的月份，室外月平均空气温度在 31.5 ℃左右，最高空气温度超过 37 ℃，使这座城市有了"火炉"的称号。寒冷季节从 12 月持续至次年 3 月，平均空气温度在 6.8 ℃左右。其余季节空气温度适中，平均空气温度为 17

℃。全年的相对湿度可达80%。

（2）不同季节居民偏好的热环境因素。

研究中共收集到问卷453份,对于关键问题未回答和回答结果明显不符合逻辑的问卷视为无效并予以剔除,最终得到有效问卷418份。样本总量中,男性比例为45.6%,女性比例为54.4%。被调查人群的年龄段分布差异明显:41～65岁占比最大,为49.19%,19～40岁占比23.78%,65岁以上占比24.76%,其余年龄段占比2.27%。对受访者职业背景进行调查统计,结果发现:退休在家的人数最多,占47.54%,企业职员占比30.16%,科研教育从业人员占比16.06%,公务员和行政管理人员的占比分别为2.30%、1.97%,其余人员占1.97%。

①居民室外活动的影响因素投票。

居民室外活动除了受热环境影响,是否还受其他综合因素影响,仍然存在诸多疑问。图3-27表明,热舒适是人们选择特定户外空间的主要原因,其次是其他环境因素,如空气质量和声环境。购物等功能性和离家近等便利性条件也是影响居民室外活动积极性的关键因素。

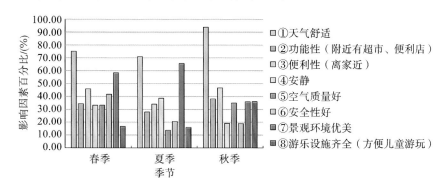

图 3-27 不同季节室外活动影响因素分析

②室外热舒适状况改善需求投票。

图3-28显示了问卷统计得到的过渡季室外热舒适状况的改善需求和满意与否的投票情况。结果显示,在过渡季居民积极寻求日照,满意度较高,温湿度改善需求较低。同时,研究还发现,在过渡季室外热舒适满意度较高的情况下,居民关注点从热环境转移到其他影响因素,如声环境、绿化和空

气质量(PM$_{2.5}$浓度)等。

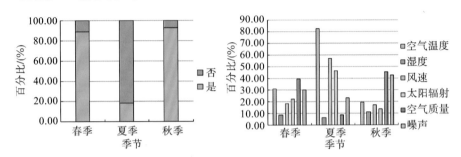

图 3-28　过渡季室外热舒适满意与否评价(左)及改善需求分析(右)

③不同季节室外活动居民的性别占比与热舒适评价差异。

通过对公共空间参与度的标记结果进行整理分析发现,各季节室外活动的参与者中女性占比超过 50%,略高于男性的占比,且性别差异在夏季达到最大。图 3-29 中的评价结果显示,相同热环境下,女性的热舒适度评价值相比男性更低。具体表现为,夏季 50% 的女性认为非常不舒适,39% 认为不舒适,11% 认为可以接受;与此同时只有 25% 的男性认为不舒适,33% 认为非常不舒适,33% 认为可以接受和 9% 认为舒适。

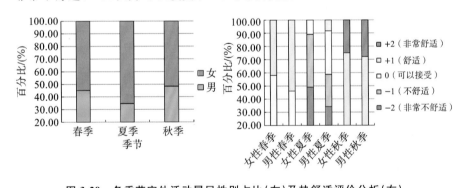

图 3-29　各季节室外活动居民性别占比(左)及热舒适评价分析(右)

本章介绍了街区微气候的主要研究方法,包括街区微气候实测、缩尺模型风洞实验、计算机数值模拟及调查研究,并介绍了相关案例。微气候实测利用固定传感器获取街区内部及背景测点的温度、平均辐射温度、湿度、风速、全天日射量等微气候参数。微气候实测需要注意根据实测的目的进行实测方案设计,尤其是测点位置及其对应测量内容的设计。

计算机数值模拟采用对流·辐射·传导耦合模拟方法,模拟街区内表面温度、空气温度、湿度及风速的逐时变化。计算机数值模拟的关键在于适当的物理模型的选取及准确的边界条件的赋值。同时,应与实测值进行比较,以进一步确定误差大小,判断模拟精度。

调查研究使用问卷进行实地调查,这是获取人员对于微气候环境的主观感受的主要方式。问卷调查的核心在于问卷的设计,需要根据调研目的设计有针对性的、不带研究者主观倾向的问题,如热舒适、行为活动等方面的问题。同时,为保证数据的有效性,调查的样本数量应尽可能大,并具有足够的代表性。

第四章　基于城市气候图的滨江街区微气候营造策略——武汉市滨江街区改造

　　随着城市化的快速发展,城市气候存在加速恶化的趋势。大量研究表明合理的城市规划对于城市气候具有显著正面影响,但目前城市规划与城市设计中对于气候因素的关注较少。因此,有必要建立城市气候与城市规划、城市设计之间的联系。城市气候图(urban climate map,UCMap)作为连接城市气候与城市规划、城市设计的工具,将有助于把城市气候相关信息运用到城市规划及城市设计之中。

　　城市气候图的研究始于德国[①]。针对工业化对于城市环境的影响,德国研究者开始尝试在城市规划过程中通过收集部分气候数据,并将其应用于规划设计,以缓解城市气候恶化的问题。这些尝试最初都是基于对气候的单因素分析,如通风、空气污染、绿化、建筑材料等。在后续的研究中,开始考虑的气候影响因素多元化,城市中的大量数据,例如屋顶的表面材料、建筑、绿化、水面等因素,都被综合整理,并绘制成气候地图,来帮助专业人员认识与分析城市气候存在的问题[②③④⑤]。进入 21 世纪,日本的城市,例如东

　　① REN C,NG E Y,KATZSCHNER L. Urban climatic map studies:a review[J]. International Journal of Climatology,2011:2213-2233.

　　② LÜTTIG G. Geoscientific maps as a basis for land-use planning[J]. Geologiska Foreningens i Stockholm Forhandlingar,1979,101(1):65-69.

　　③ BAUMUELLER J. Demands and requirements on a climate atlas for urban planting and design[J]. [s. l.]:[s. n.],1999.

　　④ LITTLEFAIR P J, SANTAMOURIS M, ALVAREZ S, et al. Environmental site layout planning:solar access,microclimate and passive cooling in urban areas[M]. [s. l.];IHS BRE Press, 2010.

　　⑤ BECKRÖGE W,BALTRUSCH M,SCHÜTZ G,et al. Klimatische Phänomene[M]. Berlin: Springer,1988.

京、大阪、神户、横滨、仙台、福冈等,都已经开始了UCMap的研究,为了降低城市热岛效应的影响,上述研究主要聚焦于人工排热、城市下垫面覆盖、城市结构及绿地空间对于城市气候的影响。同时,在研究尺度上也更多地针对街区尺度开展城市气候图的研究,例如神户大学的Takahiro Tanaka等绘制了神户滨海地区基于街区尺度的城市气候图,并对街区微气候的改善提出了建议,完成了街区的气候建议图[①]。

　　城市气候图是街区微气候营造的有力工具。本章将介绍城市气候图的概念与绘制方法,尤其着重于街区尺度城市气候图的绘制与应用。同时以武汉市滨江街区的微气候营造为例,说明街区微气候营造过程中城市气候图的应用。

第一节　城市气候图系统

一、城市气候图的应用模式

　　城市气候图分为城市气候分析图(urban climatic analysis map,UC-AnMap)、城市气候建议图(urban climatic planning recommendation map,UC-ReMap)。城市气候分析图(或气候解析图),由反映微气候评价、大气污染评价等气候分析结果的地图构成。其目的在于将气候专家对于城市气候的分析结果清晰地传达给城乡规划师、城市规划决策者及市民。城市气候建议图在城市气候分析图的基础上进一步提出城市气候改善建议[②]。

　　图4-1为城市气候图的应用模式,通过绘制城市气候分析图和城市气候建议图,给政府和城乡规划师提供指导,应用范围包括大尺度和中小尺度的规划设计。城市气候图可指导不同尺度的城市规划。

　　① TANAKA T,YAMASHITA T,TAKEBAYASHI H,et al. Urban environmental climate map for community planning[J].[s. l.]:[s. n.],2006.

　　② 赵敬源,宋晓明,刘加平.城市气候环境图集的内容与应用[J].城市问题,2010(7):19-22.

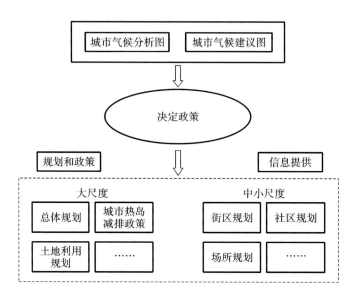

图 4-1 城市气候图的应用模式①

二、城市气候图系统的结构

如图 4-2 所示,城市气候图系统包含了一系列的基础图层和两个主要的城市气候图组成成分。基础图层包括气象资料、地理信息、绿地信息和规划参数。城市气候图包括城市气候分析图和城市气候建议图。绘制城市气候分析图后,再结合绿地信息和规划参数绘制城市规划建议图。

三、城市气候分析图

UC-AnMap 提供了一个气候信息评估的平台,也称作综合气候功能地图,总结和评估基于年或季节性变化的气候参数和土地资料②。规划者在使

---

① MORIYAMA M, TAKEBAYASHI H. Making method of "Klimatope" map based on normalized vegetation index and one-dimensional heat budget model[J]. Journal of Wind Engineering and Industrial Aerodynamics,1999,81(1-3):211-220.

② LITTLEFAIR P J, SANTAMOURIS M, ALVAREZ S, et al. Environmental site layout planning:solar access,microclimate and passive cooling in urban areas[M]. [s. l.]:IHS BRE Press, 2010.

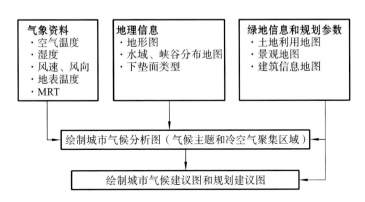

图 4-2　城市气候图系统结构

用城市气候图进行规划时，UC-AnMap 通过不同颜色的图案、箭头、标识来展示气候状况及气候改变的分析结果。UC-AnMap 的绘制有赖于气象资料（对象区域中长期的空气温度、降雨量、风、云量和太阳辐射等资料）的收集，以展示中小尺度地区的气候变化。上述信息的收集途径为气象站、红外图像及计算机模拟。

UC-AnMap 包括三个方面的内容。

1. 风环境

（1）当地的大气环流类型（存在通风道，陆地风、海洋风、峡谷风，以及当地的主导风向）。

（2）已经存在和有发掘潜力的通风道。

（3）流通区域（冷源和热源）。

（4）当地建筑和绿化的影响。

2. 微气候

（1）分析城市热岛效应的影响。

（2）城市生态变化，尤其是冷源和热源的变化。

3. 城市污染

（1）分析城市污染区域。

（2）污染物扩散。

上述内容都是基本信息，城市冠层内的风环境、微气候、污染物扩散在分析城市气候问题的时候都将扮演重要的角色①。在早期的 UCMap 研究中，气候类型主要按城市土地使用方式来划分。气候类型的分析有赖于气候图分析人员的专业知识，进行定性研究、建立主观评估体系。在斯图加特的 UC-AnMap 研究中，德国气象学家发展了 11 种气候主题，包括水面、开敞土地、森林、公园、乡村、郊外、城市、城市中心、小工厂、工厂和铁路。在气象数据、遥感信息、冷空气流动模拟、小尺度的电子风场模拟分析的基础上，由于现实中各种气候主题的边界并不是确定的，于是两种气候主题的边界仅仅可能只显示了它们之间相邻的范围。

四、城市气候建议图和规划建议图

UC-ReMap 具有指引规划行为的导向性评估导则，可应用于城市和街区尺度。在 UC-ReMap 的基础分析中，地区中相似的气候主题被归为组来展示土地使用变化对土地资源敏感度的影响。各种区域用不同的颜色和符号表示，代表规划中不同的含义，例如"需要改进的地区"或者"需要保护的地区"。从城市气候的角度来看，气候主题发展的进程加速了从 UC-AnMap 到 UC-ReMap 的过渡，保证了气候知识和评估结果在规划建议中正确地展示出来。UC-ReMap 不仅展示了当前的气候特征评估，也定义了需要持续关注的气候敏感区域。因此在这个平台上，城市气候学家、规划者、城市政策制定者需要紧密合作，使规划建议和导则朝着减少不利因素和保护有利因素的目标发展。不同的城市有各种变化的规划系统和城市气候问题，UC-ReMap 和规划建议图需要强调不同的层面。

在 UC-ReMap 的帮助下可以制定详细规划导则和建议，气候敏感地块的规划需要关注继续改善居住条件和质量，如关注生态、城市热导效应、城市自然通风、空气质量等。规划建议需要遵循以下原则：减少城市热负荷，控制建筑容积和占地面积，挖掘城市有潜力的通风道，保留并改善城市现有

---

① Green infrastructure planning for cooling urban communities: overview of the contemporary approaches with special reference to Serbian experiences[J]. MARIĆI, CRNČEVIĆT, CVEJIĆJ. DE GRUYTER, 2015, 33(6): 55-61.

通风道和市区网络系统,如有需要可引进新的通风道,保护、改进、尊重城市周边地区或山林的冷空气产生区域,促进海陆环流,改进绿化,改善污染物、温室气体、垃圾热排放等。具有重要意义的规划涉及以下四个方面:表面反射率、绿化、遮阳和通风。在未来可持续发展中,这些技术的应用为改善城市气候环境提供了创新的契机。

第二节　基于气候图的街区微气候营造案例:武汉市滨江街区改造

　　本章的案例将研究尺度限定在街区尺度,主要针对汉口滨江街区在夏季、冬季进行微气候的实测,采集空气温湿度、风速、风向、太阳辐射、街区空间表面温度等相关数据;分析汉口滨江街区在城市微气候方面存在的问题,研究大型水体对滨江街区微气候的影响。在此基础上,绘制城市气候建议图,提出对滨江街区规划与城市设计的建议(绘制城市规划建议图),并采用计算机模拟的方法验证规划建议的有效性。

　　基于上述研究目的,本章将风环境与热环境这两个方面的内容作为研究重点。

1. 街区气候分析图

　　(1) 街区的建筑信息(街区建筑布局、建筑高度等)。

　　(2) 街区风环境。

　　①街区的主导风向。

　　②已经存在和有发掘潜力的通风道。

　　③流通区域(冷源和热源)。

　　(3) 街区热环境。

　　①街区表面温度。

　　②街区的空气温度分布。

　　③长江等大型水体对街区内部空气温度的影响。

2. 街区气候建议图

（1）需要降温的区域（白天和夜间）。

（2）需要降低建筑密度的区域。

（3）需要保留的绿化。

3. 街区规划建议图

（1）通风道的营造。

（2）建筑表皮的改造。

（3）地面材质的改进。

（4）绿化的增加。

一、街区微气候现状及气候分析图的绘制

1. 街区风环境的研究

本章的研究对象街区如图 4-3 所示。街区建筑以多层住宅为主，住宅大部分为商住合一的形式，底层为店铺，上层供居住用，街区建筑密度较高。街区建筑信息图如图 4-4 所示。街区内包括较多的多层建筑，以及少量的低层建筑与高层建筑。

图 4-5 为研究团队通过滨江街区实测获得的夏季昼间不同时刻的江风风向与风速信息图。蓝色箭头所指的方向代表风向，箭头的大小代表风速的高低。以实测数据为基础，进行了该街区的室外风环境模拟计算。

图 4-6 为街区室外风环境矢量图及标量图。从该街区风环境数值解析的结果来看，图中标识出来的区域的风环境质量较差。

（1）在标识为 1 的区域，西边和东边是高层公共建筑，处于风影区内，气流较为紊乱。该区域的北侧及东侧的开口都处于负压区内，风流向高层建筑后，在高层建筑下方形成了涡流，造成该区域风速较低，风向紊乱。

（2）在标识为 2 的区域，从风环境的矢量分析结果来看，该区域内的风由场地北侧街道流向东侧道路。尽管整个区域的主导风向是 SSE，即由江面流入街区内部，但在标识为 2 的区域内，风向与主导风向正好相反，由城市

图 4-3　研究对象街区

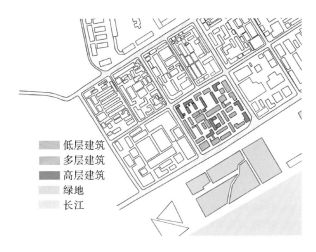

图 4-4　街区建筑信息图

内部流向江面。该区域北侧街道的风速较大,上方开口处于正压区,区域下侧的风速较低,且面向东侧道路的开口都较小,这些开口都是负压区,因此造成该区域内气流都是由北侧街道流向东侧道路。该区域中间两栋建筑高度不高,但是占地面积较大,对该区域内部的空气流动造成了很大的阻碍。

（3）在标识为 3 的区域,从风环境的矢量分析结果来看,该区域中心处

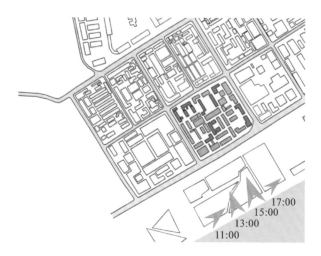

图 4-5　江风风向与风速信息图

风速较低,且存在涡流。这个区域的建筑均为住宅建筑。造成该区域风环境较差的主要原因是这个区域建筑密度过高。两栋板式住宅建筑中间,再加入两栋点式住宅,形成了围合式布局,造成了该区域空间密闭,空气流通不畅。

(4)在标识为 4 的区域,整体风环境较好,从数值解析的结果来看,风速可达到 1～2 m/s。该区域面向江面的开口较大,并且通风道畅通,江风可以顺畅地流入,使得风环境良好。

(5)在标识为 5 的区域,风环境也较好,风速高于 1 m/s 的面积较大。这两个区域都是绿地,建筑密度相对较低,且建筑布局良好,对于江风的流入较为有利。

从 CFD 数值解析的整体结果来看,该街区风环境整体尚可,但是也存在一些问题。受到建筑布局与建筑密度的影响较大,街区内部江风的流入受到阻碍,使得部分区域风环境质量较差。

2. 街区热环境的研究

根据武汉市气象数据,选择 7 月某日为模拟气象日,并根据实测获取的空气温度、太阳辐射等气象数据进行对象街区的辐射·对流耦合模拟,对街区热环境状况进行分析与评价。

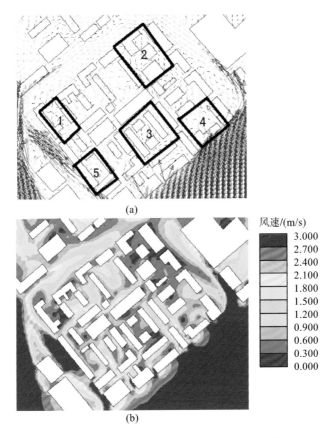

风速/(m/s)

3.000
2.700
2.400
2.100
1.800
1.500
1.200
0.900
0.600
0.300
0.000

(b)

图 4-6　街区室外风环境矢量图及标量图(1.5 m 高度处)

(a) 风速矢量图;(b) 风速标量图

图 4-7 为 7 月某日 9:00、11:00、13:00、15:00 街区表面温度的解析结果。从图中可以看出,13:00 的时候,街区建筑屋顶和路面的表面温度均较高。同时,在模拟结果中也发现 15:00 时部分建筑的西侧外墙的表面温度很高。为了改善街区热环境,提高室外空间的热舒适度,需要采取降低表面温度的措施。

图 4-8 为 7 月某日 9:00、11:00、13:00、15:00 街区空气温度的数值模拟结果。从图中可以看出,9:00 时,街区内空气温度不高,约为 32.5 ℃。11:00时,大部分区域的空气温度在 34 ℃ 左右,少数区域已经达到了 35 ℃。

13:00 时,街区内空气温度明显较高,大部分区域达到了 36 ℃。15:00 时,街区内空气温度大部分在 37 ℃以上,局部区域达到了 38 ℃以上。

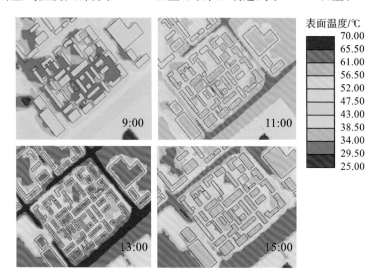

图 4-7　7 月某日 9:00、11:00、13:00、15:00 街区表面温度的解析结果

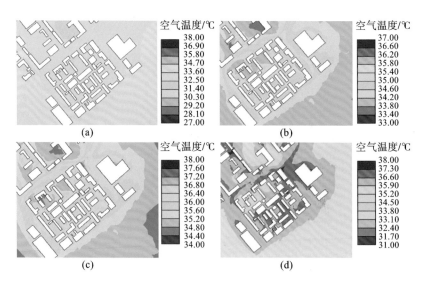

图 4-8　7 月某日 9:00、11:00、13:00、15:00 街区空气温度的数值模拟结果(1.5 m 高度处)

(a) 9:00；(b) 11:00；(c) 13:00；(d) 15:00

3. 气候分析图的绘制

根据上述实测与数值模拟结果,研究团队绘制了对象街区气候分析图,如图 4-9 所示。图中黑色箭头表示需考虑的主导风向,黄色区域为白天表面温度过高区域,紫色区域为夜间表面温度过高区域,红色方框为建筑密度过高区域,绿色区域为需要保留的绿化区域。

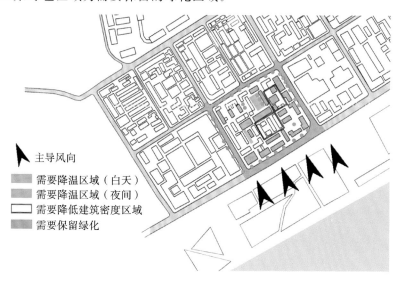

图 4-9　对象街区气候分析图

二、街区规划建议图绘制

1. 针对通风道的营造建议

如图 4-6 所示,街区内部的 1 号、5 号区域及 2 号、4 号区域内风向紊乱,风速较低。因此,拟在两处通过改善建筑布局来营造通风道,便于江风流入街区内部。从街区空间局部改造的角度出发,本研究团队基于不同的通风道走向提出了两个通风道营造方案。

(1)方案一。

如图 4-10(a)所示,黄色部分为拆除建筑,红色部分为局部架空两层,蓝色的箭头为预期的通风道。西侧道路旁建筑架空,有利于江风的流入,并将其上方低层建筑拆除，使江风可以顺利流过。南侧道路旁局部建筑架空两层，增大迎风面的风口，引导江风流入，拆除改造街区右上方的低层建筑，消除街区对江风的阻碍。图 4-10(b)为进行 CFD 模拟后的风速矢量分布图，从图中可以看出，改造后街区的通风道基本达到预期效果。虽然由于通风道底端高层建筑的存在，形成了涡流，气流经过高层建筑之前就流向西侧道路，而不是如预期一样流向北侧街道，但是改造区域内的风速明显提升。

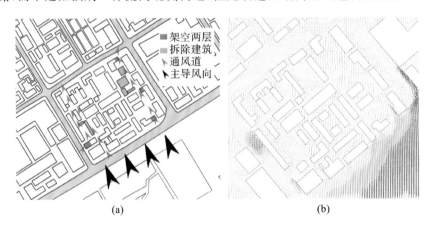

图 4-10　通风道营造方案一及风环境模拟结果

(a) 通风道走向及营造方法；(b) CFD 模拟结果

（2）方案二。

如图 4-11(a)所示，拆除左下方建筑的附属建筑，让风从该建筑背面流过，与右侧要营造的通风道中的风会合，提高右侧通风道的风速。取消右下方和右上方的建筑架空层，将右侧道路旁的局部建筑架空两层，把通风道内的风引向右侧道路，从而形成风的廊道。从图 4-11(b)所示风环境的模拟结果来看，基本达到了预期效果。尽管左下方拆除建筑区域的气流方向和预期相反，右上方的开敞空地仍然有涡流，但是风的走向较方案一更加明确，因此，方案二的通风道营造效果更佳。

2. 针对街区热环境的改造建议

如图 4-9 所示，在引入江风，改善街区内部风环境质量的同时，采取降低建筑外表面及地面温度的方法，减少来自建筑表皮的显热流量，也是重要的

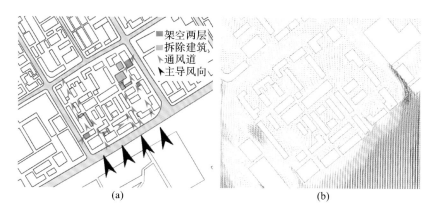

图 4-11　通风道营造方案二及风环境模拟结果

（a）通风道走向及营造方法；（b）CFD 模拟结果

改善室外热环境的策略。从对象街区气候分析图的结论出发，在以下三个
方面对街区冠层内部的外表皮提出改造建议。

（1）建筑表皮改造的建议。

从图 4-7 中街区的辐射模拟结果来看，一日之中不同时间段街区内建筑
的屋顶表面温度均较高，同时部分建筑的西侧墙面在 15：00 时表面温度也较
高。因此，需要对这些表面温度较高的屋面及外墙面采取降温的技术措施。
图 4-12 为需要采取措施的建筑表皮改造示意图。其中，黄色部分表示需要
进行绿化的建筑屋顶，红色部分表示需要进行遮阳处理或进行立体绿化的
建筑西侧外墙面。

（2）地面材质改进的建议。

图 4-13 为改造街区地面材质改进示意图。原本街区中开敞空间并不
多，建筑密度相对较高。在通风道营造过程中，通过拆除左下方和右上方的
部分建筑，增加街区内的开敞空地。街区内地面原本都是硬质铺地，没有透
水地面。图 4-13 中所示的黄色区域地表温度过高，因此考虑添加透水地面，
并在右上方的开敞空地上添加一定的水域，来降低街区内的空气温度。

（3）绿化配置的建议。

图 4-14 中深绿色区域为已经存在并需要保留绿化的空间，浅绿色区域
为需要增加绿化的空间。在拆除了左下角和右上角的建筑后，街区内就增

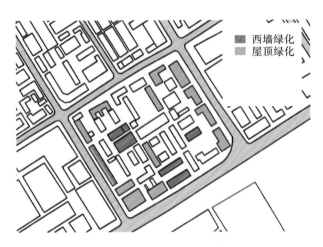

图 4-12　建筑表皮改造示意图

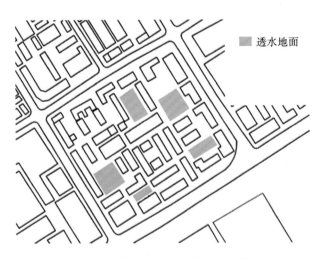

图 4-13　改造街区地面材质改进示意图

添了两块较大的开敞空地。因此在不阻碍通风道通风的前提下,有序地增加图中所示绿化,可有效降低该区域的温度。

（4）规划建议效果的模拟分析。

如图 4-15 所示,在 1 号、2 号、3 号方框区域内,拆除和架空部分建筑后,形成了通风道,这三个区域较改造之前,空气温度下降的区域增多,温度最

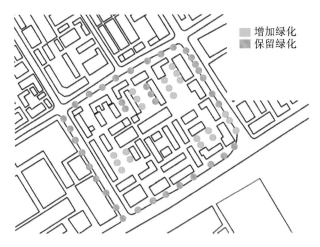

图 4-14 改造街区保留绿化及增加绿化示意图

大下降幅度约 0.7 ℃。由于本次辐射·对流耦合模拟未考虑树木的影响，仅考虑了草地的影响，因此，在 4 号方框区域内，由于拆除部分建筑而形成的较为开敞的空间受到太阳辐射的影响较强，空气温度略高。后期可考虑种植乔木，增加绿化覆盖，来达到降温的效果。此改造方案中，改造区域大部分达到了改善通风和降温的效果，因此该规划方案的可行性在一定程度上得到体现。

图 4-15 街区改造前后的空气温度对比图(1.5 m 高度处)

(a)原始工况；(b)改造后工况

三、基于通风与阳光的控制性空间设计建议

旧城更新是城市建设中的重要内容。不同于历史街区在更新过程中的保留与限制，非历史街区在更新过程中往往存在大量拆除老旧建筑，使街区空间结构产生很大变化的现象。本章的研究对象街区就属于非历史街区。在本章前文讨论的对象街区通风道营造过程中，受限于街区建筑密度较高，虽然通过架空部分建筑，以及拆除部分低层建筑的方法使街区内部的风环境有一定程度的改善，但是仍难以实现街区风环境的根本性改变。因此，以下尝试从街区空间较大程度更新的视角，探讨营造江风的通风道及保证建筑日照的控制性空间设计思路，即从城市设计层面，研究改善街区微气候质量的规划建议方法。

以下内容的设计思路被设定为：在对象街区中拆除可拆、易拆的建筑，在保证通风和日照的情况下确定新建建筑的最大可建范围，通过对街区外部空间的控制性限定，确保街区内具有良好的通风与日照条件。

因此，街区内建筑保留与拆除的基本原则被设定为高层建筑保留（基本上建成时间都不长）、低层和多层建筑拆除（建成时间较长，并且目前使用状况不佳）。对象街区建筑的保留与拆除示意图如图 4-16 所示。图 4-17 为街区内的低层与多层建筑被拆除后，室外空间风环境的 CFD 模拟结果。从图中可以看出，在拆除低层与多层建筑，保留高层建筑后，街区内部在江风流入方向上具有良好的风环境条件，通风顺畅，并且在街区内部出现了潜在的江风的通风道（图中红色虚线所示范围）。如果在街区更新过程中保留通风道，既有利于改善街区内部的通风条件，同时也有利于促进研究对象街区下侧方向的江风流入，改善城市通风条件。

1. 建筑边界与控制性空间设计

街区控制性空间设计的思路在于街区的通风与日照条件，与由建筑群的布局、高度、体形等要素所影响的街区的外部空间形态密切相关。从保证街区通风与日照的质量角度出发，需要对街区外部空间形态进行控制。本研究团队从街区空间的平面与立体两个方面定义了"建筑边界"，即建筑的

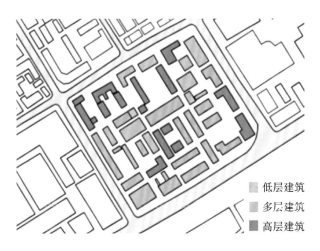

低层建筑
多层建筑
高层建筑

图 4-16 对象街区建筑的保留与拆除示意图

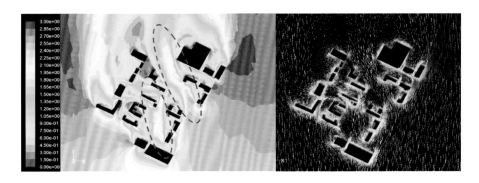

图 4-17 风环境的 CFD 模拟结果(1.5 m 高度处)

最大边界范围。在设计过程中,只要建筑体量不超出这个范围,街区内通风与日照的质量就可以得到保证。

(1)通风道——新建建筑平面边界。

在保留原有街区高层建筑布局的基础上,根据 CFD 模拟结果,预想街区内通风道的走向,保证江风在穿过街区后风向和风力的变化不大,仍具有足够能力渗透到下一个街区。在保留预想的通风道前提下,结合保留建筑的位置与平面形式,增加建筑体块,并尽量使其最大化。

（2）太阳罩——新建建筑空间边界。

旧街区的日照条件恶劣，希望通过设计控制来改善这一状况。为保证旧街区保留建筑的日照质量，本研究团队引入太阳罩的概念来控制新建建筑体量。

太阳罩是一个形象的三维区域，表示在街区空间中，对原有建筑日照条件不产生影响的新建建筑的最大可建空间范围。当新建建筑超出这个空间范围时，原有建筑的日照条件将受到影响。

（3）街区空间控制范围的确定。

在确定了通风道边界与太阳罩边界后，将两个边界整合，最终形成的建筑体块边界就是基于改善夏季通风和冬季日照的新建建筑最大可建范围。即"通风道"＋"太阳罩"一个控制新建建筑的平面边界，一个控制空间边界，共同形成了新建建筑的三维控制性界面，并且作为城市设计的控制性要求，指导建筑设计。

2. 基于通风与阳光的街区控制性空间设计案例

根据图 4-17 的模拟结果，在街区内部构想了两个主要通风道，其中一个通风道又可细分为三个小的通风道，如图 4-18 所示。

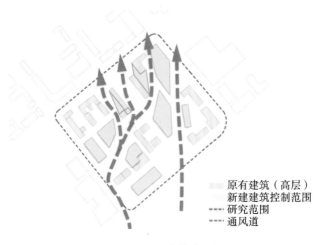

图 4-18　通风道营造预想

（1）通风道边界。

风环境模拟结果如图 4-19 所示。按照预先设想，街区内形成了四个通风道。从模拟结果可以看出，在街区的通风道中，上风向流入口位于街区的南侧与西侧城市道路，下风向流出口位于街区的东侧与北侧城市道路。通风道内流场顺畅，并且下风向各流出口都保持了相对较大的风速，说明从通风道流入的江风经过此街区时，一方面在街区内部保证了良好的风环境质量，另一方面风速也未被明显降低，为下风向街区的自然通风创造了良好的条件。

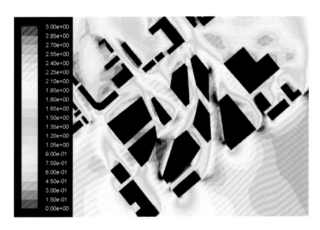

图 4-19　风环境模拟结果（1.5 m 高度处）

（2）太阳罩边界。

通过日照分析获得的太阳罩边界如图 4-20 中的红色区域所示。本部分内容讨论的设计中太阳罩分析的设定时间范围是冬至日上午 10:00 至下午 2:00 的 4 个小时（这里保证了高层建筑底层冬至日有 4 个小时的满窗日照，是一个高于规范的理想要求）。由于对象街区内保留的高层建筑主要功能为住宅，因此，当新建建筑的体量不超过这个边界范围时，周边建筑的日照条件就可以满足上述设定的 4 个小时满窗日照要求。

（3）街区空间控制性边界的确定。

将图 4-20 所示的太阳罩边界采用图 4-18 所示的通风道边界进行削减后，获得的街区空间控制性边界如图 4-21 所示。这个街区空间的控制性边

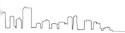

界能够满足研究对象街区既改善夏季通风,同时保证冬季日照较为合理的城市设计的控制性要求。新建建筑只要不超过图中的红色体块所控制的范围,即可保证街区内的风环境质量,能加强江风向城市内部的渗透,同时充分保证街区保留的高层建筑的日照质量。

图 4-20　太阳罩边界　　　　　　　图 4-21　街区空间控制性边界

　　城市作为一个系统,历来存在很多的问题,各专家都在建言献策,提出各种解决方案让城市更美好。在城市规划中,城市气候相对处于被忽视的状态。但城市气候对于城市空间环境的舒适性具有十分重要的影响。把城市气候和城市规划联系起来,绘制成城市气候图,能帮助规划者、政府、开发商在节能减排和可持续发展中做出更好的决策。

　　以下为本章研究中得出的一些结论与启示。

　　(1)城市气候分析图能有效地说明街区内部微环境存在的问题。由城市气候分析图可看出街区主导风向、表面温度过高区域、建筑密度过大区域及应该保留的绿化,这对绘制城市气候建议图起到直接的指导作用。

　　(2)城市气候建议图从多个方面对城市规划提出指导性意见。通过数值解析的验证,根据城市气候建议图改进的区域基本达到预期的效果,说明城市气候建议图能帮助城市规划者做出更好的决策,对街区形态的优化调整能有效地改善城市微气候,提高城市热舒适度。

　　(3)本章探索了基于改善夏季通风和冬季日照的武汉滨江街区的城市设计途径,通过控制新建建筑最大体量范围,确定街区空间的控制性边界,为滨江街区的保护与更新提供了思路和方法。

第五章　基于居民行为的居住区更新与热环境营造策略——武汉市居住区室外热舒适改造

　　居住区室外热环境的热舒适直接影响居民的健康、出行及工作效率。目前,对于室外热环境的研究主要集中在热舒适的定量评价,以及空间布局、绿化配置对热环境影响的模拟研究,较少涉及居民在公共空间的行为活动特点与热适应作用机制下的行为调整。本章从热适应的角度出发,对武汉市典型居住区的居民行为活动模式和空间使用者的需求进行一定的归类与概括。在此基础上,深入研究在热适应条件下,居民行为活动的时空选择和行为调整策略等因素对于居住区室外公共空间使用率的影响,探索与分析不同行为活动人群的热偏好特征与主观热舒适评价的差异。本章通过对居民行为活动特征和热舒适进行一般性总结,可为今后居住区室外公共空间的热舒适设计与改善提供指导和参考。

第一节　居民行为与人体对热环境的适应性调整

一、居民室外活动与热舒适适应性

　　人体热舒适受环境等因素的综合影响,如环境物理状况、人体服装量与活动状态,以及社会心理因素等,并且存在个体差异。由于生理、心理和行为的热适应因素,如季节性偏好、热经历和热期望、进入空间的目的、活动的自主性、暴露时间、感知控制及人体服装量的调整等都会影响室外活动时人们对热环境的主观评价和对热量的接受度,进而造成居民在公共空间的活动模式与使用方式上的差异。

居民的室外活动按照空间驻留和社会交往程度可以归纳为三种类型：①必要性活动（如日常工作和生活事务中的路过、穿行）；②自发性活动（散步、遛狗、陪伴儿童玩耍、休闲、静坐、体育锻炼）；③社会性活动（以休闲娱乐为主的棋牌、广场舞、乐器演奏等）。居民的室外活动按照活动强度和不同活动的代谢水平可以分为静态、轻度和中度活动。空间的热舒适会对居民室外活动产生支持或阻碍的效果，不同属性的活动也会成为环境的一部分，从而吸引人群或激发新的活动。

针对外部的热环境条件，人体在功能性调整界限的范围内，为了维持愉悦舒适感的调节机制都被视为热适应。人体对热环境的适应能力表现为主动适应和被动适应两个方面。行为调整是人们对空间微气候最主要的热舒适适应方式。热适应行为包含不同类型活动的时空选择、活动量调整和借助外界能量调节。

二、人体对热环境的生理、心理、行为适应

1. 人体对热环境的生理适应

人体对热环境的生理适应过程是稳态机体受到影响后出现的一系列复杂适应性反应[1][2]。适应是生物体对重复环境刺激的反应逐渐减少，在特定环境中得以适应生存。1970 年，Fanger 提出机体处于热平衡（身体核心温度在 36.5～37.5 ℃），出汗率在热舒适范围内，并且皮肤温度为 30 ℃，躯干和头部温度为 34～35 ℃时会感到舒适。人体具有复杂稳定的体温调节机制，生理性体温调节是指大脑接收到冷、热刺激的信号之后通过调节血液流速、汗液蒸发和战栗来维持恒定的体温状态，也可执行意识或行为上的调整。在机体可承受的范围内，对任何适度的热环境波动，人体都可迅速反应并做出功能性的生理调节。当这种热压力超过人体生理调节能力的范围时，可能会出现机体功能障碍或异常。

---

① 金振星.不同气候区居民热适应行为及热舒适区研究[D].重庆:重庆大学,2011.

② DE DEAR R,BRAGER G S,COOPER D. Developing an adaptive model of thermal comfort and preference-final report on RP-884[J]. ASHRAE Transactions,1997,104(1).

在生理热适应及其与热舒适相关的生理指标研究方面,谈美兰等[①]学者研究发现当空气温度等环境因素发生变化时,皮肤温度发生明显变化且与TSV 和 TCV 相似。相关研究以平均皮肤温度(T_{sk})作为识别和量化热舒适的生理指标,发现空调建筑内影响受试者报告舒适度的非传热(心理)因素,如热经历会对热感觉和热舒适范围产生影响。

2. 人体对热环境的心理适应

Williams 和 Mcintyre 认为,心理适应描述了由于过去的热经验和热期望,人体调整热感觉和反应以保持热舒适的可能性。Brager 和 de Dear 认为适度的期望与心理及物理学习惯的概念有关,经常接触刺激可以缓解诱发反应的程度。de Dear、Fountain 和 Van Hoof 等人研究发现热期望是实现心理适应的关键概念。同时,心理适应在热感觉实际分布和预测值差异方面具有较高的解释力。

Nikolopoulou[②] 和 Lykoudis 等是使用环境心理学概念描述人们与室外热环境相互作用的先驱。他们认为,心理适应是应对恶劣天气条件的有效方法。热适应心理受多种机制的综合影响:自然、期望、过去的热经历、感知控制和环境评估。此外,Shooshtarian、Ridley[③] 等研究认为参与者对室外热环境的态度、公众参与设计和规划、天气预报的准确播报、关于气候变化知识的了解与普及也会影响人们的心理适应过程。

3. 人体对热环境的行为适应

行为适应是指人体有意识或无意识地调整动作以适应周围的热条件。在大部分的温度范围内,人们更愿意采取行为调整措施以应对外界环境变化带来的不适感,例如调整服装量、身体姿势、活动量,改变活动场所,佩戴

①　谈美兰,李百战,李文杰,等.夏季空气流动对人体热舒适性的影响[J].土木建筑与环境工程,2011,33(2):70-73.

②　NIKOLOPOULOU M,LYKOUDIS S. Thermal comfort in outdoor urban spaces:analysis across different European countries[J]. Building and Environment,2006,41(11):1455-1470.

③　SHOOSHTARIAN S,RIDLEY I. The effect of physical and psychological environments on the users' thermal perceptions of educational urban precincts[J]. Building and Environment,2016,115:182-198.

个人配件(遮阳伞、墨镜),以及食用冷、热饮等来消减冷、热刺激带来的热不适。

Shinichi Watanabe 等[1]分析了亚热带地区日本名古屋的人们在等待交通信号时,热环境差异对行人遮阳行为选择的影响。阳光照射区域的平均UTCI比阴凉区域高出 8.7 ℃,一半的行人在等待交通信号灯时选择站在阴凉区域。炎热季节,行人往往佩戴遮阳帽或打伞进行适应性调节。Tzu-Ping Lin 等[2]在天空可视度(sky view factor,SVF)对公园使用率影响的量化研究中发现,在热舒适范围内(PET 在 26～30 ℃),公园访问者数量最多,在温度较高时群体往往迁移到阴影和半阴影区。

总之,行为调整是适应户外气象条件最为有效的方法之一,它为居民提供了保持自身舒适度的有效手段。Brager 和 de Dear 等人认为,与生理适应相比,行为调整与热期望对适应性过程的影响更大。由于行为调整(例如减少服装量、戴帽子或打伞)的可能性和有效性,能够缓解热不适,居民可以通过不同的行为措施在室外热环境中积极寻求调整。

第二节　基于人员行为的室外热舒适分析手法

一、国内现行居住区微气候设计标准与策略分析

《城市居住区热环境设计标准》(JGJ 286—2013)[3]的颁布对居住区室外热环境设计具有一定的指导和参考意义。如图 5-1 所示,标准从通风、遮阳、渗透与蒸发、绿地与绿化四个方面为设计师在进行居住区热环境设计与改善工作时提供设计依据与评价标准。该标准第 3.3.1 条规定,在进行居住区

① WATANABE S,ISHII J. Effect of outdoor thermal environment on pedestrians' behavior selecting a shaded area in a humid subtropical region[J]. Building and Environment,2016,95:32-41.

② LIN T P,TSAI K T,LIAO C C,et al. Effects of thermal comfort and adaptation on park attendance regarding different shading levels and activity types[J]. Building and Environment,2013,59:599-611.

③ 中华人民共和国住房和城乡建设部.城市居住区热环境设计标准:JGJ 286—2013[S].北京:中国建筑工业出版社,2013.

评价性设计时，应保证夏季逐时湿球黑球温度（WBGT）不大于 33 ℃。标准将 WBGT 定义成综合评价人体接触热环境时接收的热负荷大小和炎热条件下热安全评估的重要指标。

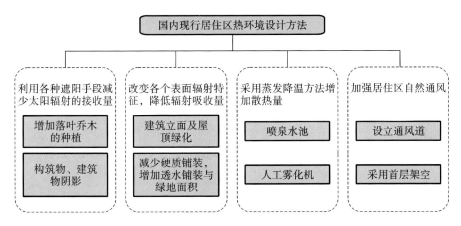

图 5-1　居住区热环境设计方法

［图片来源：《城市居住区热环境设计标准》(JGJ 286—2013)条文］

二、基于行为活动的热适应策略

热适应策略被认为是适应能力，并且在获得热舒适的过程中发挥关键性作用。适应能力是指用于适应生物、气象条件的机会，这种适应能力基于行为、环境和心理的调整。Nicol 和 Humphreys 指出，对热环境具有一定的感知控制能力，并能根据自身需求调整适应的人群实现热舒适的可能性更大。

关于热适应策略，相关文献提出了不同的分类系统。例如，Swart 等人开发了一个两类体系：①技术策略；②心理和行为适应。后有学者在 de Dear 等人提出的适应室内气候理论的基础上，基于自适应假设理论提出 AIC (Akaike Information Criterion，赤池信息准则)修正模型，模型组成部分：①行为调整（如服装量变化、技术或环境调整）；②生理调整（即遗传适应，适应水土）；③心理调整（改变热感觉、经验和期望）。Shooshtarian 等①基于 AIC 修正模型，提出了适应室外热环境的 AOC（adaptation to outdoor climate，室外气候适应）模型，该模型有三个集群：环境和技术改善、行为调整和心理适应。图 5-2 为 Shooshtarian 等提出的 AOC 模型。

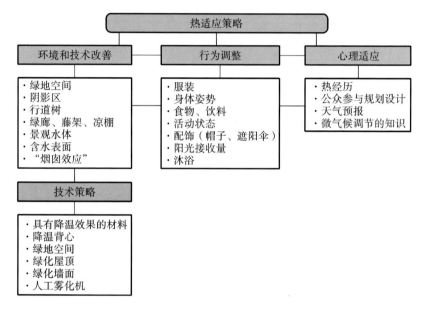

图 5-2 Shooshtarian 等提出的 AOC 模型

技术改善策略涉及热环境参数，通过对热环境进行优化和改善，能够为室外活动的参与者直接提供舒适感，如通过城市规划和建筑布局的调整以改善风速，在不同建筑群组成的公共空间中提供树荫和阳光以改善热环境等。行为适应指机体下意识或有意图地通过各种调整措施适应所处的热环境以达到舒适状态。这种适应性基本上与人体热平衡中发生改变的过程相关联，当人体暴露于特定热环境或经历热不适时，调整过程开始且随即采取适应性行动以获得热舒适。人体采取适应性行动的有效性取决于可用的策略，即所谓的适应性机会。

---

① SHOOSHTARIAN S, PRIYADARSINI R, AMRIT S. A comprehensive review of thermal adaptive strategies in outdoor spaces[J]. Sustainable Cities and Society,2018,41:647-665.

三、居住区室外热舒适范围的构建

基于 Fanger 的 PMV-PPD 模型,相关学者[1][2]广泛采用 ASHRAE-55 标准中纳入的 de Dear 热舒适范围构建方法(图 5-3),解析 PET 每隔 1 ℃的数据组与平均热感觉投票 MTSV 而非实际投票 TSV 的回归方程,进而求解 MTSV=0 时对应的热中性 PET。此外,URV(unacceptable rate voting,热不可接受率投票)为 10%时(也代表 90%接受率),对应热感觉投票时选择±2 和±3 的比例。当 URV=10%时可获得典型时间段中 10%的热不可接受率下热中性 PET 的偏移量,即热中性带(thermonelltral zone,TNZ,热舒适范围)。陈慧梅等[3]研究发现,自然通风建筑的热舒适范围比空调建筑更宽,且上限值超过 ASHRAE-55 标准规定的范围。

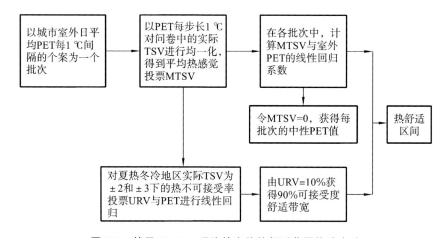

图 5-3　基于 de Dear 理论的室外热舒适范围构建方法

大量的学者研究了热舒适与热环境之间的相关性,通常认为热感觉与室外空气温度呈线性关系,然而回归曲线在不同气候条件下差异较大。人体的热适应调节受当地气候、文化、生活习惯的影响,进而导致热期望和满

① 金振星.不同气候区居民热适应行为及热舒适区研究[D].重庆:重庆大学,2011.

② DE DEAR R,BRAGER G S,COOPER D.Developing an adaptive model of thermal comfort and preference-final report on RP-884[J].ASHRAE Transactions,1997,104(1).

③ 陈慧梅,张宇峰,王进勇,等.我国湿热地区自然通风建筑夏季热舒适研究——以广州为例[J].暖通空调,2010,40(2):96-101.

意率的差异。对于室外瞬时动态变化的热环境，热舒适范围的构建应综合考量人体的热适应过程。Huang[①]等人提出，利用开放式架空层设计能够将局部热环境的风速放大，高温、高风速能够带来与低温、低风速热环境相似的热舒适。夏季，特别是在炎热和潮湿的气候区，遮阳和放大风速相结合的优化策略能够拓宽空间的热舒适范围。

第三节　武汉市居住区夏季人员热适应行为与空间特征

一、居住区夏季室外微气候特征

表5-1为夏季1号至5号测点的空间位置及示意图。表5-2列出了夏季5个测点场地中心半径5 m范围内建筑、植被、路面、水体所占的百分比。其中，1号测点为水池边，2号测点为建筑物阴影区，3号测点为全天处于阳光直射下的露天游乐场，4号测点为树荫空间，5号测点为构筑物凉亭。4号测点下垫面植被占比较大，2号、3号和5号测点下垫面材质为混凝土，1号测点下垫面材质为透水砖。

表 5-1　夏季 1 号至 5 号测点的空间位置及示意图

景观元素	1号水池边	2号建筑物阴影区	3号露天游乐场	4号树荫空间	5号构筑物凉亭
位置					
示意图					

---

①　HUANG K T, LIN T P, LIEN H C. Investigating thermal comfort and user behaviors in outdoor spaces: a seasonal and spatial perspective[J]. Advances in Meteorology, 2015.

表 5-2　夏季不同空间节点的景观元素占比

景观元素	1号 水池边	2号 建筑物阴影区	3号 露天游乐场	4号 树荫空间	5号 构筑物凉亭
建筑	10%	25%	30%	20%	20%
植被	35%	15%	20%	70%	40%
路面	10%	60%	50%	10%	40%
水体	45%	0%	0%	0%	0%

表 5-3 显示了夏季 5 个测点的天空可视度(SVF)值,SVF 值的结果与遮阳水平负相关,SVF 值越高即代表遮阳水平越低。SVF 是一个介于 0 和 1 之间的无量纲度量单位,SVF 值 0 和 1 分别代表完全阻塞和完全开阔的空间。将热环境参数的数据包和鱼眼照片导入 RayMan 软件后,模型可以输出 PET 和 SVF 值。5 个测点的 SVF 值按大小排序依次为:3 号测点、1 号测点、2 号测点、4 号测点、5 号测点。混凝土下垫面材质的 3 号测点 SVF 值最高,几乎全天暴露在直射阳光下,同时 3 号测点配置了儿童游乐设施。1 号测点为水景节点空间,该区域 SVF 值为 0.463,部分时间段处于阴影中。4 号和 5 号测点的 SVF 值均小于 0.15,为遮阳水平较高的区域,在夏季,选择室外活动的人群在此类空间的聚集度较高。

表 5-3　夏季 5 个测点的天空可视度(SVF)值

空间类型	1号 水池边	2号 建筑物阴影区	3号 露天游乐场	4号 树荫空间	5号 构筑物凉亭
SVF 值	0.463	0.333	0.538	0.113	0.093

如图 5-4 所示,1 号至 5 号测点 8:00 至 18:00 左右的平均 PET 按高低排序依次为:3 号测点、2 号测点、1 号测点、4 号测点、5 号测点。在 5 个测点中,几乎全天处于阴影中的 5 号测点 PET 最低,为 25.9～38.7 ℃,波动范围不大。3 号和 4 号测点的 PET 波动趋势类似,在 11:30—14:00 时间段内,遮阳水平一般的 1 号测点 PET 达到 45 ℃。2 号和 3 号测点的 PET 在较长时间内均在 40 ℃以上,这是由 2 号和 3 号测点较高的太阳辐射导致的。从

夏季 5 个测点的 MRT 和 PET 结果来看,武汉地区影响室外热舒适指标 PET 的首要因素是太阳辐射。4 号和 5 号测点由于具有较好的遮阳效果,在 10:00 之前和 15:30 以后 PET 基本低于 30 ℃,因此,作为夏季鼓励室外活动的首选场所。3 号测点是开放式的露天游乐场,全天大部分时间受到太阳辐射的直接影响,并且 PET 高于 40 ℃ 的时间段较长,因此,3 号测点在武汉炎热的夏季不被鼓励使用,孩童和老年人在此游乐休闲时,应尽量避免太阳辐射带来的不利影响。

二、夏季空间访问者的活动类型分析

1. 居民室外活动的时空选择

(1)不同类型活动对空间的选择。

在夏季,居民选择进行室外活动时,不仅对热环境具有一定的心理预期,还能适应性地调整活动类型。统计结果发现:自发性活动和社会性活动在不同季节差异较大,夏季自发性个体活动以轻度活动的散步、遛狗、休闲、静坐为主,社会性活动主要为聊天。从户外活动的强度来说,与过渡季以轻度活动为主明显不同,夏季转变为以静态活动为主,在空间选择上,遮阳水平较高的阴影空间成为静态活动选择率较高的区域。

图 5-5 和图 5-6 分析了夏季选择率较高的空间类型和 5 个测点内居民户外活动的类型分布。结果显示:在 9 种不同类型的室外空间中,露天游乐场、构筑物凉亭和水景花坛旁的座椅是整个区域中选择率较高的子区域。在 1 号测点的水景空间内,以轻度活动的散步、遛狗和静态型的聊天为主,在 3 号测点的露天游乐场内典型的活动类型为以聊天为主的静态活动和陪伴儿童玩耍类的轻度活动。此外,3 号测点由中高层商业建筑围合而成,室内外空间界限模糊、渗透性较强。社区活动、广告兜售和儿童玩滑板车等活动在此混杂展开,该空间经常出现功能外溢或者内置的情况。

(2)室外行为活动时间分布规律。

图 5-7 将问卷调查得到的夏季户外活动的时间段投票与室外逐时热舒适指标 PET 进行叠加分析,发现夏季居民选择出行的时间段与 PET 逐时变

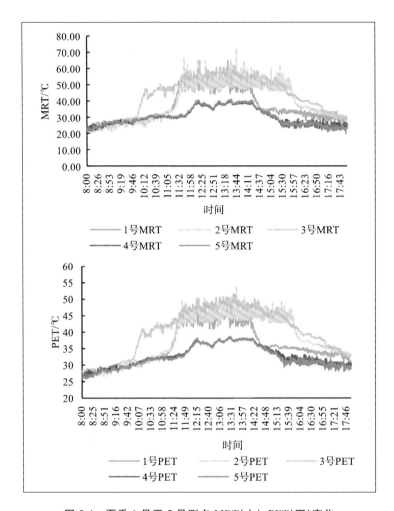

图 5-4　夏季 1 号至 5 号测点 MRT(上)、PET(下)变化

化吻合度较高。从图中可以看出,夏季户外活动偏向选择的时间段为
7:00—9:00、17:00—19:00 和 19:00 之后,此时太阳辐射量较小,热舒适指
标 PET 也处于全天较低水平。

图 5-8 和图 5-9 显示了夏季 5 个测点自发性活动和社会性活动人流量
情况。结果发现,5 个测点中自发性活动与社会性活动人流量波动趋势相
似,在 8:30—9:00 和 17:00—17:30 分别达到上午和下午人流量的波峰。3

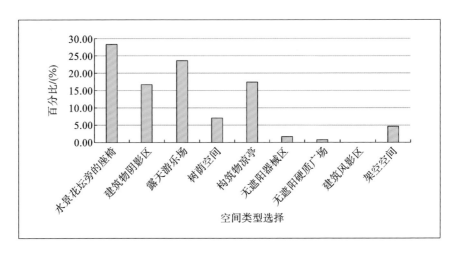

图 5-5　夏季居民室外活动的空间类型选择分析

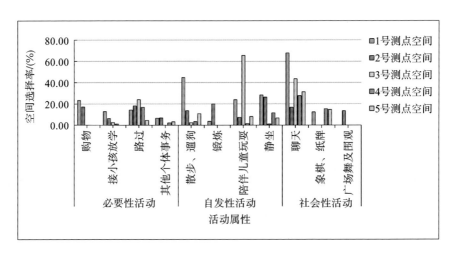

图 5-6　夏季 5 个测点空间的活动类型分析

号测点露天开阔空间的露天游乐场人流量变化较大,由此可见,3 号测点露天游乐场具有一定的空间弹性。

1 号测点和 3 号测点空间的使用强度要高于其他区域,原因是人群受到水景体验性活动和游乐场设施的吸引。5 号测点在上午时间段的人流量波峰稍有延迟,主要是由于遮阳水平较高的构筑物凉亭能够减缓热压力。同时,由于 15:30—16:00 时间段内 PET 仍处于较高水平,外出活动的居民会

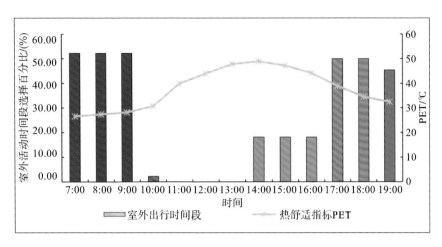

图 5-7 夏季居民室外活动的出行时间段投票分析

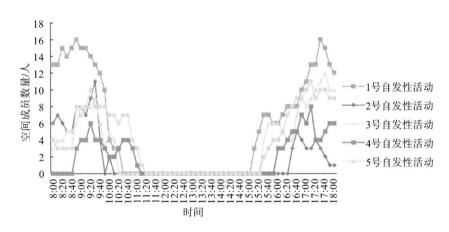

图 5-8 夏季 5 个测点不同时刻自发性活动人流量

优先选择 5 号测点和 1 号测点空间。换句话说，在同等热压力条件下 1 号和
5 号测点空间更早出现活动人群。

2. 空间使用率与热舒适指标 PET 的关联性

根据夏季不同测点的人流量可知，5 个测点空间使用率较高的时间段为
8:00—10:00、15:30—17:30。与热环境实测数据叠加分析后，将空间使用

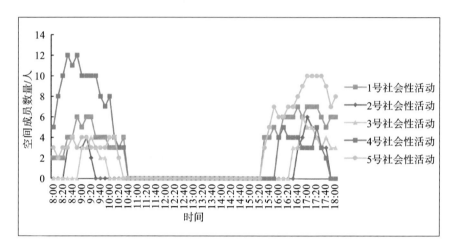

图 5-9　夏季 5 个测点不同时刻社会性活动人流量

情况划分为 8:00—12:00 和 15:30—18:00 两个典型时间段,分别研究典型时间段内 5 个测点的使用率与 PET 的相关性。总体上来说,夏季两种活动属性的空间成员数量与 PET 对应的函数图形大体呈抛物线关系。

图 5-10 分析了夏季两个典型时间段内遮阳水平不同的 5 个测点的热舒适指标 PET 与使用率的关联性,图中绿色标记的区域代表空间成员数量达到最高水平。4 号、5 号测点为居住区内遮阳水平较高的阴影区域,1 号、2 号和 3 号测点为遮阳水平较低的阳光区域。在 8:00—12:00,不同类型的公共空间有两种相反的趋势,1 号、2 号和 3 号测点的使用率与 PET 均呈向上开口的抛物线关系,4 号测点和 5 号测点则完全相反;15:30—18:00 时间段的 5 个测点均呈向下开口的抛物线关系。

4 号测点和 5 号测点 8:00—12:00 的空间成员数量变化趋势显示出特殊性,分析这一时间段居民行为的特点发现,4 号测点的树荫空间,在上午时间段主要活动为散步、太极锻炼,5 号测点的构筑物凉亭为邻居之间进行交流聊天、棋牌娱乐活动及围观的空间。棋牌娱乐类社会性活动目的性较强,这种活动的聚集效应受热环境波动干扰较小,活动成员数量的减少发生在午餐时间。

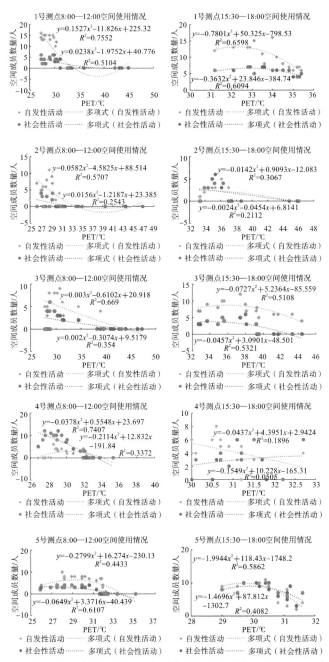

图 5-10 夏季典型时间段 5 个测点空间使用率与 PET 的关联性

三、夏季空间访问者的主观投票与热舒适分析

1. 主观热感觉与热舒适投票分布

图 5-11 显示了夏季居民实际热感觉投票的百分比。2 号测点和 3 号测点选择"＋2（炎热）"和"＋3（非常热）"的比例接近 40%。1 号测点和 5 号测点受试者报告的平均热感觉水平低于其他测点。5 号测点构筑物凉亭区域的遮阳水平较高，在夏季能够满足缓解热压力的需求。1 号测点位于景观水池边，水体蒸发降温和适宜的观赏性能够吸引人们前来，抵消一部分热不适感，进而影响受试者的空间驻留行为。

图 5-12 显示了夏季居民的热舒适投票。结果显示，超过 40% 的受试者在 2 号测点和 3 号测点感到不舒适和非常不舒适，其他测点选择"－1（不舒适）"和"－2（非常不舒适）"的受访者约占 30%。1 号、2 号、4 号、5 号测点均有超过 50% 的受访者表示可以接受夏季室外热环境。

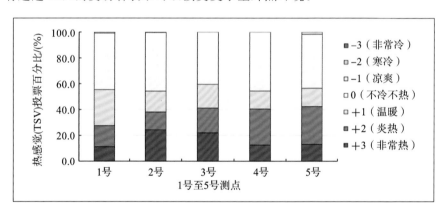

图 5-11　夏季 5 个测点空间实际热感觉（TSV）投票分布

2. 热不适与热偏好投票分布

图 5-13 显示了夏季 5 个测点的热不适因素投票分析。夏季 22%～44% 的受访者认为空气温度"＋2（很高）"和 25%～37% 的受访者认为"＋1（偏高）"；15%～33% 的受访者认为太阳辐射"＋2（很高）"和 26%～40% 的受访者认为"＋1（偏高）"。分析结果表明，空气温度和太阳辐射是导致夏季居民

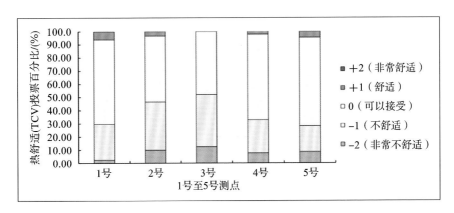

图 5-12 夏季 5 个测点空间热舒适(TCV)投票分布

户外活动时产生热不适的主要因素,风速和相对湿度对室外活动热不适的影响程度不如空气温度和太阳辐射。

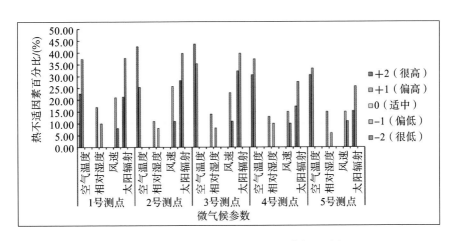

图 5-13 夏季 5 个测点的热不适因素投票分析

夏季 4 号测点的树荫空间和 5 号测点的构筑物凉亭遮阳水平较高,因此 4 号测点和 5 号测点选择太阳辐射热不适["＋2(很高)""＋1(偏高)""－1(偏低)""－2(很低)"]的比例接近 45%,低于其他 3 个测点。针对 1 号测点的水池边和 5 号测点的构筑物凉亭,受试者认为空气温度"＋1(偏高)"和"＋2(很高)"的比例略低于其他 3 个测点。此外,夏季受访者对空气温度和太阳辐射热不适[选择"+2（很高）""+1（偏高）""-1（偏低）""-2（很低）"]的投票率接近65%，高于过渡季的30%。

图5-14显示了夏季5个测点的热偏好投票情况。1号测点水池边的受访者偏好空气温度"-1（低一点）"的比例接近68%，偏好"0（不变）"的比例高于其他测点，约为32%。这是由于在同一时刻1号测点水池边PET较低，能够提供宜人的热环境。2号测点的建筑物阴影区和3号测点的露天游乐场中约85%的受访者偏好空气温度"-1（低一点）"，3号测点中偏好太阳辐射"-1（低一点）"的受访者比例高于其他所有测点，约为70%。

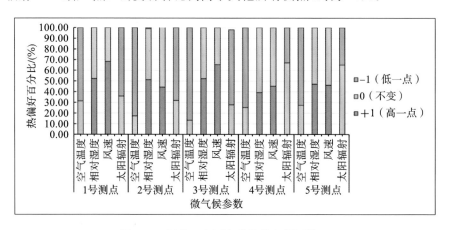

图5-14　夏季5个测点的热偏好投票情况

与过渡季相比，夏季热舒适指标PET较高时偏好凉爽环境的人群比例（约为70%）超过过渡季偏好温暖环境的比例（约15%）。换句话说，在相同PET分组下的热偏好分布季节差异较大，热感觉受到不同季节心理热适应的影响。

3. 夏季居民对热环境参数的敏感性分析

表5-4将夏季实测得到的4种热环境参数及计算得到的PET与平均热感觉投票MTSV做矩阵分析。其中，Pearson相关系数的绝对值大小代表了二者线性相关性的强弱，而显著性越小则越相关。在夏季，干球空气温度T_a和黑球温度T_g与平均热感觉评价MTSV显著相关，两者的Pearson相关系数大于0.800。夏季T_g与MTSV的Pearson相关系数为0.816，大于

过渡季的 Pearson 相关系数 0.781。也就是说，夏季干球空气温度 T_a 和黑球温度 T_g 对受试者报告的热感觉具有很高的解释力且太阳辐射的影响程度增大。由于在 PET 的计算过程中要考虑太阳辐射的影响，使用这个热舒适指标可以正确描述夏季公共空间的热环境并反映人们的实际热感觉。

表 5-4　夏季热感觉投票与热环境参数的矩阵分析

项　　目		MTSV	T_a	RH	V_a	T_g	PET
MTSV	Pearson 相关系数	1.000	0.808	−0.810	0.068	0.816	0.830
	显著性（双侧）	—	0.005	0.004	0.852	0.004	0.003
T_a	Pearson 相关系数	0.808	1.000	−0.989	−0.113	0.851	0.874
	显著性（双侧）	0.005	—	0.000	0.701	0.000	0.000
RH	Pearson 相关系数	−0.810	−0.989	1.000	0.101	−0.881	−0.900
	显著性（双侧）	0.004	0.000	—	0.731	0.000	0.000
V_a	Pearson 相关系数	0.068	−0.113	0.101	1.000	−0.203	−0.200
	显著性（双侧）	0.852	0.701	0.731	—	0.486	0.494
T_g	Pearson 相关系数	0.816	0.851	−0.881	−0.203	1.000	0.998
	显著性（双侧）	0.004	0.000	0.000	0.486	—	0.000
PET	Pearson 相关系数	0.830	0.874	−0.900	−0.200	0.998	1.000
	显著性（双侧）	0.003	0.000	0.000	0.494	0.000	—

四、夏季空间访问者的热舒适分析

1. 夏季热感觉预测 TSV 理论模型

（1）夏季热感觉 TSV 经验模型。

为了确定夏季实测期间收集的热感觉和热环境参数之间的关系，并根据热环境数据评估户外热压力水平，采用多元线性回归来开发 TSV 夏季预测模型，如式（5-2）、表 5-5 及表 5-6 所示。

$$\text{TSV}_{夏季} = C_1 T_a + C_2 T_g + C_3 V_a + C_4 \text{RH} + C_5 \tag{5-2}$$

式中：T_a 为干球空气温度（℃）；T_g 为黑球温度（℃）；V_a 为风速（m/s）；RH 为相对湿度（%）；$C_1 \sim C_5$ 是回归常数。

运用主成分分析法将 5 个测点微型气象站测量的 4 个局部热环境参数与测量这些参数时居民的热感觉投票相关联,制定了武汉地区夏季的 TSV 预测经验模型:

$$\text{TSV}_{\text{夏季}} = 0.124T_{\text{a}} + 0.074T_{\text{g}} - 0.1339V_{\text{a}} - 0.018\text{RH} \qquad (5\text{-}3)$$
$$- 4.165(R^2 = 0.707)$$

表 5-5　夏季回归模型信息

夏季模型	R	R^2	调整 R^2	标准估计的误差	更改统计量		
					R^2	方差检验 F	自由度 df_1
	0.841	0.707	0.472	0.6261	0.707	3.013	4

表 5-6　夏季回归模型的回归系数

夏季模型	非标准化系数		标准系数	t 检验结果	P 值	B 的 95.0% 置信区间	
	回归系数 B	标准误差				下限	上限
	0.841	0.707	0.472	0.6261	0.707	3.013	4
(常量)	-4.165	35.96	—	-0.116	0.912	-96.61	88.289
T_{a}	0.124	0.733	0.330	0.169	0.872	-1.761	2.009
RH	-0.018	0.247	-0.176	-0.072	0.945	-0.652	0.616
V_{a}	-1.339	3.334	-0.127	-0.402	0.705	-9.909	7.231
T_{g}	0.074	0.156	0.374	0.472	0.657	-0.328	0.476

(2) 平均热感觉投票 MTSV 机理模型(mechanism model)。

图 5-15 显示了武汉地区夏季室外热舒适指标 PET 与不同行为活动及活动强度平均热感觉投票 MTSV 的理性回归模型。结果表明,自发性活动的斜率 0.144 略高于社会性活动的斜率 0.1276,PET 波动对选择社会性活动的居民影响力更小。静态活动线性回归的斜率为 0.1535,略高于轻度活动和中度活动的斜率 0.1375、0.1202,说明夏季期间静态活动对于 PET 变化的敏感性更高。总体上来说,不同行为活动的斜率为 0.12~0.16,PET 波动约 5 ℃,相当于平均热感觉投票 MTSV 的变化幅度为 -0.5~0.5。

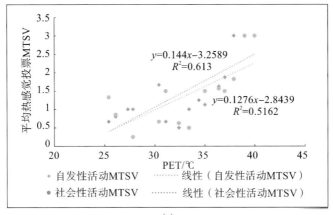

(a)

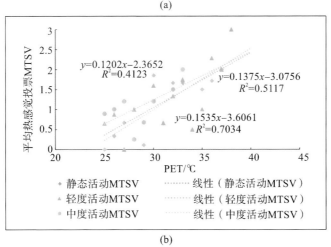

(b)

图 5-15　夏季热舒适指标 PET 与居民行为 MTSV 的相关性

（a）活动属性；（b）活动强度

2. 行为选择和中性 PET 差异

（1）活动属性：自发性和社会性。

将夏季公共空间自发性活动和社会性活动的平均热感觉投票 MTSV 与 PET 进行回归分析发现，自发性活动与热舒适指标 PET 的相关性更大。换句话说，该模型对于夏季自发性活动受试者报告的热感觉水平的预测更准确。

热中性表征为一种"不冷不热"的热状态,平均热感觉投票 MTSV 和 PET 的线性回归曲线与坐标轴交点对应的值为热中性 PET,即 NPET。由式(5-4)和式(5-5)可知:自发性活动的热中性 PET 为 22.63 ℃,社会性活动的热中性 PET 为 22.28 ℃,夏季两种活动的热中性 PET 差别小于过渡季且夏季热中性 PET 高于过渡季。这显示了热经历和热期望对人体热感觉的影响。同时,也证明了人体热感觉水平不仅仅受到热环境状态单一因素的影响,而是行为、心理、社会等多重因素复杂作用的结果。

$$\text{MTSVmodel}_{自发性活动} = 0.1440\text{PET} - 3.2589(R^2 = 0.6130) \quad (5\text{-}4)$$

$$\text{MTSVmodel}_{社会性活动} = 0.1276\text{PET} - 2.8439(R^2 = 0.5162) \quad (5\text{-}5)$$

(2) 活动强度:静态、轻度和中度活动。

由式(5-6)、式(5-7)和式(5-8)可知:夏季静态、轻度、中度活动的热中性 PET 分别为 23.49 ℃、22.36 ℃、19.6 ℃。不同行为活动强度的热中性 PET 差异较大,中度活动的受试者表现出偏好更为凉爽的热环境。

$$\text{MTSVmodel}_{静态活动} = 0.1535\text{PET} - 3.6061(R^2 = 0.7034) \quad (5\text{-}6)$$

$$\text{MTSVmodel}_{轻度活动} = 0.1375\text{PET} - 3.0756(R^2 = 0.5117) \quad (5\text{-}7)$$

$$\text{MTSVmodel}_{中度活动} = 0.1202\text{PET} - 2.3652(R^2 = 0.4123) \quad (5\text{-}8)$$

3. 预测热不可接受率和热中性带

由于热经历和热期望的存在,热中性带具有季节性差异。为了得到居民夏季的热舒适范围,夏季受试者室外"不可接受"的投票被视为在当前时刻于问卷的热感觉投票 TSV 上选择"+3(非常热)""+2(炎热)""-2(寒冷)""-3(非常冷)"。将选择"+3(非常热)""+2(炎热)""-2(寒冷)""-3(非常冷)"的数量占总投票数量的比例与对应的 PET 进行相关性分析,结果发现热不可接受率与 PET 之间显著相关。

(1) 活动属性:自发性和社会性。

图 5-16 显示了居民夏季热不可接受率与热舒适指标 PET 之间的关系呈上开口抛物线。

夏季自发性活动和社会性活动的热不可接受率投票 URV 与 PET 的相关性分析如式(5-9)及式(5-10)所示。

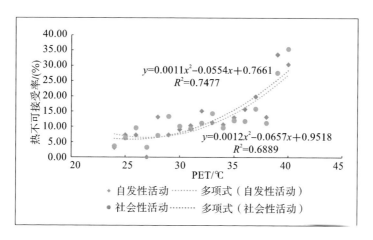

图 5-16　夏季热不可接受率与 PET 的关联性分析

$$\text{URV}_{自发性活动}=0.0011\text{PET}^2-0.0554\text{PET}+0.7661(R^2=0.7477)$$

$$(5-9)$$

$$\text{URV}_{社会性活动}=0.0012\text{PET}^2-0.0657\text{PET}+0.9518(R^2=0.6889)$$

$$(5-10)$$

从式(5-9)和式(5-10)可以得知,夏季自发性活动的热中性带为 19.8~30.5 ℃,变化幅度为 10.7 ℃;社会性活动的热中性带为 21.0~33.6 ℃。

(2)活动强度:静态、轻度和中度活动。

将不同活动强度分类下每组数据包中选择"不可接受"的比率绘制在图 5-17 中,拟合成二次多项式回归曲线。夏季不同活动强度的热不可接受率与 PET 的关系式如式(5-10)、式(5-12)及式(5-13)所示。

$$\text{URV}_{静态活动}=0.0018\text{PET}^2-0.1057\text{PET}+1.5754(R^2=0.7450)$$

$$(5-11)$$

$$\text{URV}_{轻度活动}=0.0015\text{PET}^2-0.0826\text{PET}+1.1828(R^2=0.6319)$$

$$(5-12)$$

$$\text{URV}_{中度活动}=0.0011\text{PET}^2-0.0565\text{PET}+0.7691(R^2=0.5608)$$

$$(5-13)$$

从式(5-11)至式(5-13)可以得知,夏季整体的热中性带为 20.9~34.1 ℃。静态活动的热中性带为 22.8~35.9 ℃,轻度活动为 21.5~33.6 ℃,中

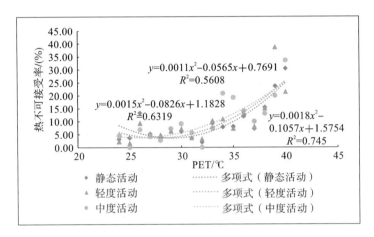

$$y=0.0011x^2-0.0565x+0.7691$$
$$R^2=0.5608$$

$$y=0.0015x^2-0.0826x+1.1828$$
$$R^2=0.6319$$

$$y=0.0018x^2-0.1057x+1.5754$$
$$R^2=0.745$$

图 5-17　夏季不同活动强度的热不可接受率与 PET 的关联性分析

度活动为 $18.3\sim32.8$ ℃。而在热压力较高($30\sim40$ ℃)的环境条件下,静态活动的热舒适带最宽。

五、热中性带 TNZ 的季节性差异

本研究团队采用同样的研究方法,针对相同的测点,也进行了过渡季的居民热舒适实测与问卷调查研究。由于本书的篇幅所限,对过渡季的研究成果并没有进行详细说明。但是,在研究中发现的夏季与过渡季在热中性带上的差异,体现出居民在不同季节的热适应变化,在此有必要简要说明。

表 5-7 显示了不同活动类型热中性带的季节性差异,灰色区域代表带宽。总体上来说,过渡季"10%不可接受率"标准下对应的热中性带为 $17.2\sim32.4$ ℃,热中性带宽 15.2 ℃。相比于过渡季,夏季热中性带为 $20.9\sim34.1$ ℃,主要特点表现为在热压力较高($30\sim40$ ℃)的环境条件下,静态活动的热中性带更宽。

在此基础上,分析过渡季和夏季居民热适应对于热中性带的影响。本书在 Lin 等人[1]所做的热感觉分类框架的基础上,将热舒适指标 PET 每隔

---

① LIN T P,TSAI K T,HWANG R L,et al. Quantification of the effect of thermal indices and sky view factor on park attendance[J]. Landscape and Urban Planning,2012,107(2):137-146.

5 ℃作为一个标度,将公共空间参与者的热感觉投票 TSV 进行细分,武汉地区室外热舒适指标 PET 分类标准如表 5-8 所示。

表 5-7　不同活动类型热中性带的季节性差异　　　　　　（单位:℃）

季节	类型	TNZ	16	17	18	19	20	21	22	23~28	29	30	31	32	33	34	35	36
过渡季	自发性活动	17.9~32.4			■	■	■	■	■	■	■	■	■	■				
	社会性活动	17.3~33.2		■	■	■	■	■	■	■	■	■	■	■	■			
	静态活动	18.0~33.6			■	■	■	■	■	■	■	■	■	■	■			
	轻度活动	17.3~32.8		■	■	■	■	■	■	■	■	■	■	■				
	中度活动	17.2~32.4		■	■	■	■	■	■	■	■	■	■	■				
夏季	自发性活动	19.8~30.5					■	■	■	■	■	■						
	社会性活动	21.0~33.6						■	■	■	■	■	■	■	■			
	静态活动	22.8~35.9								■	■	■	■	■	■	■	■	
	轻度活动	21.5~33.6						■	■	■	■	■	■	■	■			
	中度活动	18.3~32.8			■	■	■	■	■	■	■	■	■	■				

表 5-8　武汉地区室外热舒适指标 PET 分类标准

极冷（-3）	寒冷（-2.5）	冷（-2）	微冷（-1.5）	凉爽（-1.0）	微凉（-0.5）	中性（0）	微暖（+0.5）	温暖（+1）	微热（+1.5）	热（+2）	炎热（+2.5）	极热（+3.0）
<-7℃	-7~-2℃	-2~3℃	3~8℃	8~13℃	13~18℃	18~23℃	23~28℃	28~33℃	33~38℃	38~43℃	43~48℃	>48℃

第四节　热适应角度定义的公共空间类型及优化策略

本节以武汉某居住区为研究对象,对居住区内的公共空间使用状况进行了分析，并根据不同公共空间类型、居民活动类型及空间的热舒适，提出不同空间在热舒适视角下的优化策略。

一、居住区室外公共空间活力分布与热适应

为了确定公共空间子区域的使用强度，观察员在进行热环境测量的同时，采用现场统计的方式每隔 10 min 记录空间成员的数量及其位置分布。通过记录 8:00 到 18:00 空间的使用情况，验证使用者与空间之间的互动关系。通过这种方式可以识别热点聚集空间，并了解居住区中每个子区域不同时间和季节的用户密度分布。

图 5-18 显示了平常的一天，在室外空间使用率最高的典型时间段 8:00—12:00 和 15:30—18:00，对公共空间活力点分布状态进行可视化的结果。表 5-9 为本研究团队在该小区夏季进行实测及问卷调查时选取的 5 个测点的空间位置及示意图。

表 5-9　武汉某居住区夏季 5 个测点的空间位置及示意图

景观元素	1 号遮蔽阴凉空间：树荫空间	2 号建筑风廊与架空空间：架空空间	3 号露天开阔空间：无遮阴硬质广场	4 号露天开阔空间：露天游乐场	5 号露天开阔空间：健身器械区
位置					
示意图					
主要活动	购物、路过、散步、其他个体事务	表演和广场舞活动、静坐、饮食	参与商业活动、儿童之间玩耍	陪儿童玩耍、家长之间交流聊天	锻炼、居民之间聊天、散步、遛狗

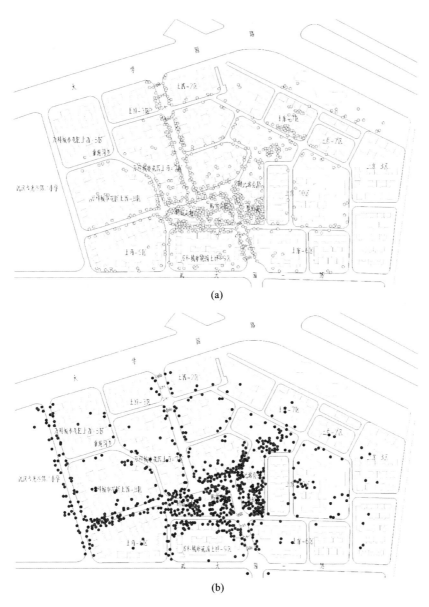

(a)

(b)

图 5-18　武汉某居住区空间活力分布图

（a）8:00—12:00；（b）15:30—18:00

1. 8:00—12:00

在 8:00 左右年长者开始晨练及出门买菜,上班及上学的人群穿梭在巷道间,公共空间同时演绎着通过与驻留的功能,10:00 左右迎来公共空间使用率的小高峰。

2. 15:30—18:00

由于武汉人有午休的习惯,15:00 以后人群逐渐聚集在中心活动区。该居住区西侧有初中和小学校园区,16:00—18:00 小孩放学,小摊贩出摊,接小孩的家长分散在各个组团,中心活动区归于暂时的平静。

在对上述各点的实测结果进行分析,以及对居住小区室外热环境进行数值模拟的基础上,参考 Xuan Ma 等人[1]的方法,构建了基于使用者热舒适范围的公共空间热舒适日历。热舒适日历可以帮助居民选择合适的时间参观公共空间,把 8:00—18:00 的每 1 h 定义为一种热条件,每种颜色代表热舒适指标 PET 的每 5 ℃ 步长。

为了给居民提供适宜的室外访问时间,将 PET 在 13～23 ℃ 定义为"相当适宜",将 PET 在 23～38 ℃ 定义为"适宜",将 PET 在 38 ℃ 以上定义为"不适宜"。表 5-10 显示了夏季 5 个典型公共空间的热舒适日历。夏季 1 号和 2 号测点大部分时间都适宜访问,是鼓励居民室外活动时的访问空间;3 号测点适宜访问的时间最短,为 8:00—10:00 及 17:00—18:00。

表 5-10 夏季 5 个典型公共空间的热舒适日历

时间	1号2号3号4号5号	相当适宜	适宜	不适宜	PET/℃	色卡含义
8:00—9:00		1、2、3、4、5	—	—	—	
9:00—10:00		1、2、4、5	3	—	13～18	相当
10:00—11:00		1、2	3、4、5	—	18～23	适宜

---

① MA X, FUKUDA H, ZHOU D, et al. The study on outdoor pedestrian thermal comfort in blocks: a case study of the Dao He Old Block in hot-summer and cold-winter area of southern China [J]. Solar Energy, 2019, 179(3-4): 210-225.

续表

时间	1号2号3号4号5号	相当适宜	适宜	不适宜	PET /℃	色卡含义
11:00—12:00		—	1、2、4、5	3	23～28	适宜
12:00—13:00		—	—	1、2、3、4、5	28～33	
13:00—14:00		—	2	1、3、4、5	33～38	
14:00—15:00		—	1、2	3、4、5	38～43	不适宜
15:00—16:00		—	1、2	3、4、5	43～48	
16:00—17:00		—	1、2、5	3、4	>48	
17:00—18:00		—	1、2、3、4、5	—	—	

表 5-11 从用户热适应行为的角度解释区域使用率,根据空间的阴影水平(阴影和无阴影)和活动类型(静态、轻度和中等强度活动)定义了 4 种类型的空间。根据 SVF 值定义区域的阴影水平,也就是说,阴影空间为 SVF< 0.15 的空间,而非阴影空间是 SVF>0.50 的空间。活动类型则根据特定空间大多数人所从事的活动状况来定义。由于静态、轻度活动的热感觉和舒适度之间的差异比中等强度活动小,因此,静态、轻度活动的空间包含活动量小于 115 W/m² 的行为活动空间。根据该定义可做如下划分:类型 1 为静态、轻度活动的非阴影空间;类型 2 为中等强度活动的非阴影空间;类型 3 为静态、轻度活动的阴影空间;类型 4 为中等强度活动的阴影空间。半阴影空间(SVF 在 0.15～0.5。)由于特征不够清晰或代表性受限而未进行进一步讨论。

表 5-11 从热适应角度定义的 4 种空间类型

空间类型	活动属性	典型案例	改善目标
类型 1:静态、轻度活动的非阴影空间	儿童玩耍、休憩、观景	儿童广场、下沉广场	降低辐射接收量,延长适宜活动的时长
类型 2:中等强度活动的非阴影空间	跳舞和滑板运动等	露天广场	满足活动多样性需求的同时能够提供阴凉空间

续表

空间类型	活动属性	典型案例	改善目标
类型 3:静态、轻度活动的阴影空间	静坐、聊天、棋牌娱乐	构筑物凉亭、廊架	提高空间吸引力以激发社会性活动
类型 4:中等强度活动的阴影空间	跳舞、乐器及体育活动	架空层、树荫区	增设多种类型和不同级别的阴影,供成员选择

二、静态、轻度活动的非阴影空间

1. 空间构成特点

如表 5-12 所示,类型 1 空间被定义为静态、轻度活动的非阴影空间。植被很少的开放区域是此类空间的代表,当此区域没有举行活动时,它基本是静态的,活动人群主要由静坐和聊天的人组成;当区域内有简单的儿童娱乐设施时,会有家长在此陪伴儿童玩耍。下垫面铺装形式多为混凝土、塑胶地坪类的硬质铺装。露天游乐场在 8:00—12:00 和 15:30—18:00 两个典型时间段内空间容量变化较大,由此可见此类空间具有一定的空间弹性。

表 5-12　静态、轻度活动的非阴影空间示意及天空可视度

空间示意 1	天空可视度:0.504	空间示意 2	天空可视度:0.538

2. 热舒适特点

高天空可视度和低反射率的场地铺装形式导致此类空间成为夏季的高热风险区域,露天广场区域热环境超过舒适范围的比例更高。夏季,露天广场区域中不在舒适范围内的时间较长,适宜访问的时间相对较短。此外,在过渡季,露天广场区域活动成员报告的主观热感觉 TSV 波动幅度较大,表明该区域活动成员对热环境变化的敏感性高于其他区域。

3. 行为影响因素

该空间主要的行为活动类型为自发性活动,活动主体目的性强,同时家长之间的聊天等社会性活动(连锁性活动)也可能被激发。该空间自发性活动主体对热环境变化更为敏感,家长通常对儿童游乐场的热环境有更严格的标准,该空间的热舒适范围更窄,在热压力较高时,父母可能将孩子带离该区域。因此,在进行热舒适改善时应综合考虑用户的脆弱敏感性及社会性活动在该空间的激发和衍生。

4. 改善策略

降低太阳辐射接收量,延长适宜访问的时长。由于该空间活动成员的敏感性较高,夏季露天游乐场周边应有可供感知控制和适应性行为调整的阴影空间,如配置高密度乔木和长廊。自发性活动的热中性带最窄,过渡季为 17.9～32.4 ℃,夏季为 19.8～30.5 ℃,夏季空间活动成员偏好更加凉爽的热环境,因此可考虑种植大型落叶乔木以在夏季缓解高温压力。

三、中等强度活动的非阴影空间

1. 空间构成特点

类型 2 空间被定义为中等强度活动的非阴影空间,例如运动广场和中央广场。广场四周平坦,鲜有设施,一般位于住宅区核心景观节点位置。使用群体较为广泛,中老年人在此进行晨练、广场舞等活动;青年和儿童群体在此玩滑板等,追逐嬉戏。表 5-13 显示了中等强度活动的非阴影空间示意及天空可视度。

表 5-13　中等强度活动的非阴影空间示意及天空可视度

空间示意 1	天空可视度：0.545	空间示意 2	天空可视度：0.501

2. 热舒适特点

此类空间天空可视度较高，从而导致热风险概率较高，适宜访问的时长较短，在夏季为 8:00—10:00。此外，此类空间使用率与热舒适指标 PET 的拟合度低于其他区域。用户的自主性和感知控制能力导致此类空间即使在热状态不佳时仍有较多访问者。即使 PET 很高，仍有许多人聚集在广场参加活动。

3. 行为影响因素

引导性因素和空间聚集度对用户行为选择的影响较大。值得注意的是，即使在热压力较高时，此类空间使用率相较于其他区域仍然较高。从自主感知控制能力角度看，在相同的 PET 范围内，与具有高度自主性的人相比，具有低自主性的居民对热环境感觉不太舒服。因此，该空间改善时应重点考虑提高用户的热舒适度，延长公共空间的适宜访问时间（满足热舒适指标 PET 范围为 18～33 ℃）。

4. 改善策略

此类开阔度较大的空间，为了满足不同季节室外活动的需要，应在广场上设置可供遮阳的树池或喷泉设施，以满足不同类型活动的需求。树木提供的阴影及水池在夏季可使空气温度降低 1.5～3 ℃，PET 降低 7～11.5 ℃。水体蒸发降温和适宜的观赏性能够吸引人们前来，抵消一部分热不适，进而影响空间使用率。同时可通过调整下垫面铺装形式，由铺地石改为塑性地坪以减少热辐射。

四、静态、轻度活动的阴影空间

1. 空间特点

类型 3 空间的功能形式较为单一，主要用于静态、轻度活动。这种类型的空间被大量植被、景观或构筑物遮蔽，其活动主要为静坐休息、棋牌娱乐和聊天。在居住区公共空间里，林荫小径和构筑物凉亭是此类区域的代表。表 5-14 显示了静态、轻度活动的阴影空间示意及天空可视度。

表 5-14　静态、轻度活动的阴影空间示意及天空可视度

空间示意 1	天空可视度:0.093	空间示意 2	天空可视度:0.111

2. 热舒适特点

具有低天空可视度或高高宽比的公共开放空间的太阳辐射接收量较低，在夏季能够创造更好的热舒适条件。此类空间受试者报告的平均热感觉 TSV 水平较低，夏季选择太阳辐射作为热不适［"＋2（很高）""＋1（偏高）""－1（偏低）""－2（很低）"］因素的比例接近 45％，低于其他遮阳水平较低的非阴影空间。阴影空间与非阴影空间夏季 PET 的最大差值可达 11.5 ℃，过渡季差值为 6.7 ℃。阴影区域能够在炎热的夏季创造额外的凉爽效益，成为鼓励人们在夏季热压力较高时在公共空间长时间驻留的关键因素。

3. 行为影响因素

该类空间存在自发性活动、社会性活动并置和挤压的现象，空间使用率与热舒适指标 PET 的相关性较强。夏季阴影空间相对于没有阴影的空间具有优越的热舒适条件，当 PET 更高时，更多人选择移动到阴影空间。该空间

的改善策略应侧重于提高空间吸引力,创造丰富的空间层次以鼓励多种公共活动。

4. 改善策略

由于群聚性和体验性行为习惯的影响,社会性活动、娱乐设施的吸引力会加强空间活动成员的驻留意愿,此类空间使用率高于其他区域。席坐景观——多功能的城市小品能够激发更多社会性活动,从而提高使用率。从适应性行为方面来说,可以在凉亭周边增设景观水池或其他景观小品,将凉亭周边下垫面铺装方式由混凝土铺装改为草坪。

五、中等强度活动的阴影空间

1. 空间特点

类型4空间比较特殊,主要为建筑物架空区域,或树荫下的健身器材区。此区域内通常放置若干座椅或陈设小品吸引人前来,位置一般设置在较为集中的公共区域。在居住区公共空间中承担着为居民跳舞、乐器演奏、健身锻炼等活动提供场地的功能。表 5-15 显示了中等强度活动的阴影空间示意及天空可视度。

表 5-15　中等强度活动的阴影空间示意及天空可视度

空间示意 1	天空可视度:0.045	空间示意 2	天空可视度:0.146

2. 热舒适特点

公共空间中的植被可以为高质量的室外热环境做出各种贡献。植被除了能通过蒸腾作用直接冷却降温,树木还能够有效地减少城市开放空间的热辐射，从而间接降低空气温度。由于遮阳效果较好，全天处于较低的热压力状态，树荫下的活动区在炎热的夏季能为人们提供较好的热舒适条件。

3. 行为影响因素

此类空间的用户往往选择进行目的性较强的自发性活动，户外健身、跳舞等锻炼类活动发生与结束有着固定的时间规律，热环境波动产生的影响甚微。例如，老年人早上在健身区锻炼，几套动作完成之后，锻炼行为终止，随即离开。公共空间在设计之初可能并非具有某种特定的功能，然而居民进行目的性较强的活动时，选择的区域相对固定。夏季居民选择出行的时间段为 7:00—9:00、17:00—19:00 和 19:00 之后，此时太阳辐射量较小，热舒适指标 PET 也处于全天最低水平。

4. 改善策略

树荫或凉亭是夏季室外使用率较高的区域。树木、构筑物等不仅有助于减缓风速，还有助于改善热舒适条件。值得注意的是，在不同季节，居民对于空间的热偏好存在较大差异，增设遮阳设施成为首选的改善策略，同时应考虑创造多层次、多级别的阴影空间，以满足活动主体进行高强度活动之后调整的需求。

将居民行为活动方式纳入室外热舒适研究，可以有效提高居住区环境质量及居民室外活动频率。本章通过热环境实测与问卷调查相结合的方式对武汉市典型居住区的室外公共空间进行热舒适与满意度分析，研究人们主观选择下偏好的行为与热舒适区域，并分析其背后的热环境差异及变化规律，提出基于行为活动选择的室外热舒适景观元素改善性设计策略。

在制定改善策略时，需针对空间活动对象的行为特点和热适应需求，采取差异化的改善策略。在进行热环境设计或公共空间的改善设计时，应综合考虑用户的脆弱敏感性及社会性活动的激发和衍生规律。在空间成员敏感性较高的区域，可采用多种类型和不同阴影级别的遮阳措施，以允许用户选择适宜的热舒适条件。

第六章 基于微改造的传统街区空间更新与微气候营造策略——武汉市旧汉口租界区里份微改造

随着时代的发展,城市进行了大规模建设,旧城的保护与更新被广泛关注。旧城区作为构建整个城市格局的重要部分,是城市文化的重要载体,具有重要的历史价值。但旧街区通常环境状况恶劣,除了建筑年久失修,质量堪忧,由于加高及扩建建筑侵占原建筑前后天井和部分街巷等微空间,导致微空间内的日照、采光和通风情况恶劣也是一个重要原因。在城市更新过程中,若大刀阔斧地拆旧建新,城市肌理将遭受破坏,城市记忆也被抹去。在城市发展过程中,许多有价值的旧街区被拆除,老城原有的传统格局和风貌被破坏,城市特色逐渐淡化。另一些尚未被拆除的旧街区由于没有受到良好的保护,正沦为城市中心的"贫民窟",存在许多亟待解决的问题。因此,不同于普通街区空间,针对传统街区的微气候营造,需要另辟蹊径,采取微介入、微改造的方式进行处理。

本章通过对旧汉口租界区的里份空间类型和空间活力进行调研筛选,选取了旧汉口租界区内具有代表性的研究对象,即转向商业化更新的上海村和保留居住性质的福忠里。通过现场调研、实地测量、问卷调查及计算机模拟的方法,采取微空间微介入的方式,以旧城中人们的行为活动为研究视角切入旧城更新问题,分析微空间的物理环境与居民不同行为活动舒适性的关系,进而确定微空间物理环境的主要影响参数,有依据地指导旧城街区微空间的微气候营造。

第一节　旧汉口租界区的里份空间环境
现状及居民的行为活动

　　旧汉口租界区的里份空间形态很有特点,各里份也具有一定的相似性。空间类型为与空间布局相适应的巷道结构类型,主要有主巷型、主次巷型、环形和综合型 4 种①。总体而言,里份内部的巷道较为狭窄,空间自成体系,但也较为封闭。

　　为了掌握里份内部的空间环境现状及居民的行为活动特征,本研究团队对旧汉口租界区的里份展开了大量的实地调研。在现场考察过程中采用行为注记法,对里份内的活动类型和活动分布进行记录。采用现场直接记录和先利用相机或 GoPro 拍照摄影,后期对照照片或影像资料,对行为活动进行补充记录两种方法相结合的方式。

　　通过现场调研发现,随着时代的变迁,一方面,里份中的居民为了满足现代居住的需求,对原有建筑及室外环境进行了相当大的自发性改造。如图 6-1 所示,部分建筑的前后天井被加建建筑遮盖,部分建筑在原有平屋面上加建了一层或两层,以及在巷道内部或尽端加建建筑。这样杂乱无章地改造使原本空间尺度较为紧凑的空间变得更加狭窄,导致里份内部自然通风不畅、日照不足的问题突出,室外空间的微气候条件恶化。

　　另一方面,旧汉口租界区在更新过程中,逐渐受到商业发展的冲击,尽管大部分里份仍保留着原来的居住功能,但少量里份已经开始由原来的居住功能向商业功能转变。对于里份的室外公共空间而言,不同的里份功能类型必然带来居民或外来者不同的使用活动。

　　本书第五章讨论了人们的不同活动类型对于热舒适需求的差异。本章所关注的核心内容及研究的焦点是:作为传统街区空间微改造过程中提高公共空间环境质量的重要内容,里份的室外微气候营造需要根据公共空间

------

　　①　蔡佳秀.汉口原租界里分住区巷道空间研究——以原英租界为例[D].武汉:华中科技大学,2012.

图 6-1　汉口里份内部的自发加建现象

注:①—屋顶加建;②—天井加建;③—天井封闭;④—加建过街楼;⑤—开敞处加建。

使用者不同的活动类型,营造不同的微气候条件来满足使用者不同行为活动的需求。

　　通过现场调研,我们发现旧汉口租界区内里份空间中的行为活动主要包括 25 种类型,并将这些行为活动分为停留型和通过型 2 种活动类型,如表 6-1 及图 6-2 所示。各类行为活动之间没有明显界限,譬如聊天和晒太阳可能同时进行,晾晒可能与多种活动在同一空间同时发生,做饭时周边可能伴随着下棋、儿童玩耍等活动。

　　由于不同行为活动的代谢率不同(表 6-2),对物理环境的主观感受和需求也不同,因此,本章中根据行为活动的新陈代谢情况,将停留型活动进一步细分为静态型活动和动态型活动(表 6-3)。通过型活动如散步、遛狗、游客参观、摄影的代谢率相似(代谢率约为 2.1 met)。停留型活动的代谢率差别较大,其中静坐和站立类活动包括晒太阳、聊天、闲坐、看报、聚会喝咖啡等,此类活动的代谢率相对较低(代谢率为 1.2~1.5 met),设定为静态型活动。照看小孩、儿童玩耍、做饭、吃饭、洗涤、锻炼类活动的代谢率相对较高(代谢率为 2.5~3.0 met,或者更高),设定为动态型活动。

表 6-1　停留型和通过型活动分类

活 动 类 型	具 体 活 动
停留型活动	晒太阳、聊天、闲坐、看报、照看小孩、儿童玩耍、做饭、吃饭、洗涤、晾晒、打麻将、下棋、学生写作业、制作家具、聚会喝咖啡、固定摊贩摆摊等

续表

活 动 类 型	具 体 活 动
通过型活动	散步、遛狗、外出或回家经过、移动摊贩摆摊、送快递与送外卖、收废品、环卫清洁、游客参观、摄影等

下棋　　　固定摊贩摆摊　　学生写作业、　　打麻将
　　　　　　　　　　　　制作家具

送快递与送外卖　　　移动摊贩摆摊　　收废品、环卫清洁

图 6-2　里份中的部分居民行为活动

表 6-2　不同活动的代谢率 ①

活动类型	静坐	站立	照看小孩	儿童玩耍	做饭、吃饭	洗涤	锻炼	散步
代谢率	1.2 met	1.5 met	2.7 met	3.0 met以上	2.7 met	2.7 met	3.0 met以上	2.2 met

---

①　HUANG J X,ZHOU C B,ZHUO Y B,et al. Outdoor thermal environments and activities in open space:an experiment study in humid subtropical climates[J]. Building and Environment,2016,103:238-249.

表 6-3　不同活动类型的代谢率

活 动 类 型	停 留 型		通 过 型
类型细分	静态型	动态型	—
代谢率	1.2～1.5 met	2.5～3.0 met，或者更高	约 2.2 met

本章通过对旧汉口租界区十多个里份进行较为广泛的现场调查,在以居住为主和偏向商业的里份中各筛选出一个作为研究对象。通过对公共空间中人员活动的现场调研,在两个里份中分别选取活动类型有所不同的三个区域作为行为活动的观察点,针对现场调查中观察到的上述行为活动类型进行室外空间的微气候实测与热舒适问卷调查。在此基础上,通过采用与本书第五章类似的方法,对选定观察点进行了不同活动类型下的室外空间热舒适研究,并得到如下结论。

(1)空气温度:停留型活动空间的平均空气温度更高,表明停留型活动偏向温暖的环境。静态型活动空间的平均空气温度更高,动态型活动空间的平均空气温度较低,表明静态型活动更偏向温暖的环境,动态型活动更偏向凉爽的环境。

(2)相对湿度:停留型活动空间和通过型活动空间的差异性与相对湿度的相关性不大;静态型活动和动态型活动与相对湿度的相关性也不大。这表明空气的相对湿度不是引发不同行为活动的重要因素。

(3)风速:停留型活动空间和通过型活动空间的差异性与平均风速存在一定的相关性。停留型活动空间的平均风速更大,表明停留型活动更偏向通风环境较好的空间;静态型活动空间和动态型活动空间与风速的日极大值相关,静态型活动偏向风速较大的空气流通区域。

上述研究结论表明了针对不同行为活动与在不同空间类型下,对于微气候条件需求的差异,将为下一步里份的室外微气候营造提供指导。

第二节　传统街区微气候营造策略

在第一节中讨论了影响里份公共空间适应不同行为活动的主要微气候

参数是空气温度和风速。其中,空气温度主要受到太阳辐射的影响,太阳辐射又与日照关系密切。因此,本节主要针对风速和日照两个参数展开微气候营造研究。

根据现有的研究成果,街区风环境与日照环境的影响因素较多,其中道路高宽比、走向,空间开敞程度等因素对于街区内部空间的自然通风与日照具有重要影响。在对里份进行微改造的背景下,为了便于聚焦里份空间形态的这些特征对风环境与日照环境的影响,探讨里份形态差异与微气候变化之间的规律性,从而提炼具有一定普适性的微气候营造策略,本章选用简化的街区模型进行风环境与日照环境的数值模拟。旧汉口租界区里份的大多建筑布局形式为低层高密,建筑一般为一到三层,街巷高宽比大多为 1 : 1 ～2 : 1。因此,本章分别对街巷高宽比为 1 : 1、1.5 : 1、2 : 1 的街巷微空间内人群活动高度的风环境与日照环境进行研究。

一、街巷高宽比差异与微气候营造策略

根据里份建筑的现状特征,将研究的简化街区模型设定为均匀分布的 12 栋长 20 m,宽 8 m,高度分别为 4 m、6 m、8 m 的建筑,相邻两栋建筑山墙面间距为 2 m,街巷宽度为 4 m。

1. 基于自然通风的营造策略

（1）与主导风向垂直的街巷。

图 6-3 为不同高宽比的与主导风向垂直的街巷内的风速分布,表 6-4 为街巷内的平均风速。当街巷走向与主导风向垂直时,风速在街巷交叉口处明显增大。随着街巷高宽比加大（街巷宽度不变,高度增加）,风速分布趋于平稳,风速减小,降低幅度分别为 36.8% 和 20.8%。此外,风速受到建筑遮挡作用较大,街巷内风速总体较小,影响街巷内部的热舒适。因此,当街巷走向与主导风向垂直时,为营造舒适的微空间风环境,适当提升风速,街巷高宽比不宜过大。

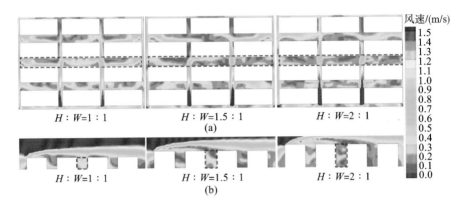

图 6-3 不同高宽比街巷的风速对比图一

(a) 风速平面图;(b) 风速剖面图

表 6-4 不同高宽比街巷的平均风速一

街巷高宽比 $H:W$	1:1	1.5:1	2:1
平均风速	0.38 m/s	0.24 m/s	0.19 m/s

(2) 与主导风向平行的街巷。

图 6-4 为不同高宽比的与主导风向平行的街巷内的风速分布,表 6-5 为街巷内的平均风速。当街巷走向与主导风向平行时,由于没有遮挡,研究区域内的通风道畅通,风速较大,风速由入口向街巷内逐渐衰减。随着街巷高宽比的增加,风速从衰减到稳定所历经的距离变长。且随着街巷高宽比增加,研究区域内的风速变大,提升幅度分别为 12.3% 和 3.4%。当街巷高宽比 $H:W>1.5:1$ 时,增加街巷高宽比对风速的提升效果不大。因此,当街巷走向与主导风向平行时,为营造舒适的微空间风环境,可采取增大街巷高宽比的方式来提升风速,但当高宽比超过 1.5:1 后,风速提升效果不明显。

表 6-5 不同高宽比街巷的平均风速二

街巷高宽比 $H:W$	1:1	1.5:1	2:1
平均风速	1.06 m/s	1.19 m/s	1.23 m/s

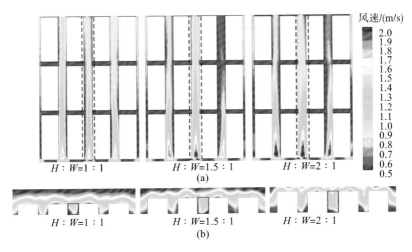

图 6-4　不同高宽比街巷的风速对比图二

（a）风速平面图；（b）风速剖面图

综上所述，关于风环境的营造需分两种情况进行讨论：当街巷走向与主导风向垂直时，街巷中的风速过低，影响热舒适，应提升风速，降低街巷高宽比。当街巷走向与主导风向平行时，可采取增大街巷高宽比的营造策略来提升风速，但街巷高宽比超过 1.5∶1 后，风速提升效果不明显。

2. 基于日照的营造策略

图 6-5 及表 6-6 分别显示了不同高宽比街巷的日照状况及日照时间面积比。从图表中可知，由于旧城中街巷宽度都较窄，当建筑为正南北朝向布局时，研究区域内的日照时间都较短，冬至日日照时间超过 1 h 的面积比例较小，超过 2 h 的面积比例更小。随着街巷高宽比降低，获取日照的面积范围变大，日照情况改善。其中，满足冬至日日照 1 h 的街巷面积比增加趋势更为明显，相差约 4%。因此，降低街巷高宽比对改善微空间的日照条件可以起到一定的效果。

此外，研究区域内的街巷交叉路口可以享受更多的日照，这也从一定程度上解释了为什么里份微空间中街巷交叉路口处的空间活力最高，活动类型最为丰富，日照环境对空间活力的促进作用得以验证。

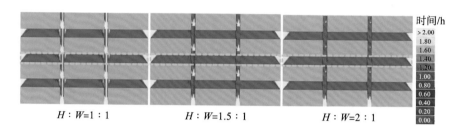

$H : W = 1 : 1$ $H : W = 1.5 : 1$ $H : W = 2 : 1$

图 6-5   不同高宽比街巷的日照状况对比图

表 6-6   不同高宽比街巷的日照时间面积比例

街巷高宽比 $H : W$	$1 : 1$	$1.5 : 1$	$2 : 1$
日照时间不少于 1 h 的面积比例	20.5%	16.6%	11.9%
日照时间不少于 2 h 的面积比例	8.2%	5%	5%

二、空间开敞度差异与微气候营造策略

空间的开敞度和位置也是造成局部微气候存在差异性的原因。在街区微改造的背景下,本章增加里份空间开敞度的营造策略,有以下五种。

①拆除建筑转角空间。

②拆除中间天井空间。

③拆除局部建筑空间。

④拆除局部底层建筑形成骑楼空间。

⑤拆除局部顶层建筑形成退台空间。

其中,①②③为水平方向营造策略,④⑤为垂直方向营造策略。

通过计算机模拟技术,分析上述五种增加空间开敞度的营造策略对微空间风环境和日照环境的影响,进而选取合适的营造策略。将街区的简化模型设定为均匀分布的 12 栋尺寸为 20 m×8 m×6 m 的建筑,相邻两栋建筑山墙面的间距为 2 m,街巷宽度为 4 m。

1. 基于自然通风的营造策略

(1)与主导风向垂直的街巷。

图 6-6 与表 6-7 分别显示了在上述水平方向营造策略①②③下,街巷内

的风速分布情况。当街巷走向与主导风向垂直时，采取上述三种水平方向营造策略对于研究区域内的风环境改善效果不明显。三种营造策略的平均风速相对于基础模型均未见显著变化，其中第二种方式只提升了4%，第一种与第三种方式的平均风速反而降低了。

图6-7与表6-8分别显示了在上述垂直方向营造策略④与⑤下，街巷内的风速分布情况。由图表中可看出，采取垂直方向的营造策略后，研究区域内的平均风速分别提升约20.8%、16.7%，改善效果较为明显。因此，当街巷走向与主导风向垂直时，为营造舒适的微空间风环境，需提升风速，可采取拆除部分建筑形成骑楼和退台空间的营造策略。

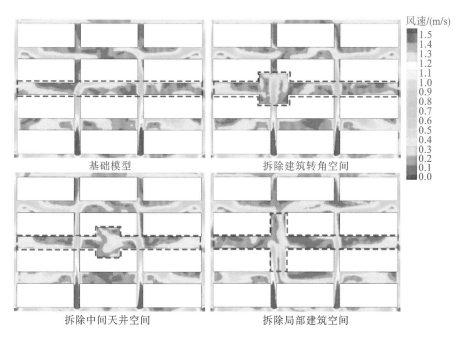

图6-6　空间开敞度的水平方向营造策略风速对比图一

表6-7　空间开敞度的水平方向营造策略的平均风速一

空间开敞度的水平方向营造策略	基 础 模 型	拆除建筑转角空间	拆除中间天井空间	拆除局部建筑空间
平均风速	0.24 m/s	0.19 m/s	0.25 m/s	0.16 m/s

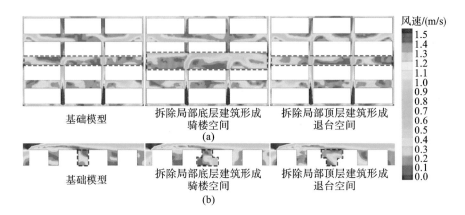

(a)

(b)

图 6-7 空间开敞度的垂直方向营造策略风速对比图一

(a) 风速平面图；(b) 风速剖面图

表 6-8 空间开敞度的垂直方向营造策略的平均风速一

空间开敞度的垂直方向营造策略	基 础 模 型	拆除局部底层建筑形成骑楼空间	拆除局部顶层建筑形成退台空间
平均风速	0.24 m/s	0.29 m/s	0.28 m/s

（2）与主导风向平行的街巷。

图 6-8、表 6-9 与图 6-9、表 6-10 分别显示了采取水平方向与垂直方向营造策略时与主导风向平行的街巷内部的风环境状况。

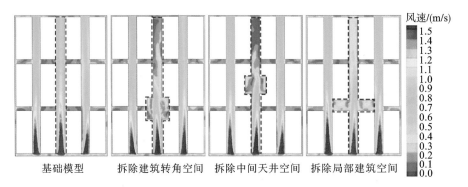

基础模型　　拆除建筑转角空间　　拆除中间天井空间　　拆除局部建筑空间

图 6-8 空间开敞度的水平方向营造策略风速对比图二

表 6-9　空间开敞度的水平方向营造策略的平均风速二

空间开敞度的水平方向营造策略	基 础 模 型	拆除建筑转角空间	拆除中间天井空间	拆除局部建筑空间
平均风速	1.19 m/s	0.77 m/s	0.76 m/s	0.83 m/s

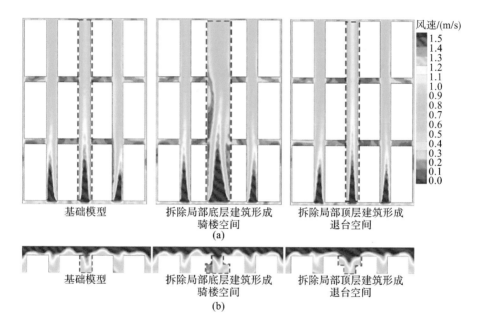

图 6-9　空间开敞度的垂直方向营造策略风速对比图二

（a）风速平面图；（b）风速剖面图

表 6-10　空间开敞度的垂直方向营造策略的平均风速二

空间开敞度的垂直方向营造策略	基 础 模 型	拆除局部底层建筑形成骑楼空间	拆除局部顶层建筑形成退台空间
平均风速	1.19 m/s	1.26 m/s	1.30 m/s

当街巷走向与主导风向平行时,采取水平方向营造策略①②③不利于改善研究区域内的风环境。从风速分布图看,在①②③策略营造的开敞空间处,风速明显降低。采用这三种营造策略后,研究区域内的风速降低幅度分别为 35.3%、36.1%、30.3%。

采取垂直方向营造策略④⑤时,街巷内的风速有一定程度提升,幅度分别为 5.9%、9.2%。因此,当街巷走向与主导风向平行时,可考虑采取拆除部分建筑形成骑楼和退台空间的营造策略。

2. 基于日照的营造策略

图 6-10、表 6-11 与图 6-11、表 6-12 分别显示了采取水平方向与垂直方向营造策略时街巷内部的日照时间对比。

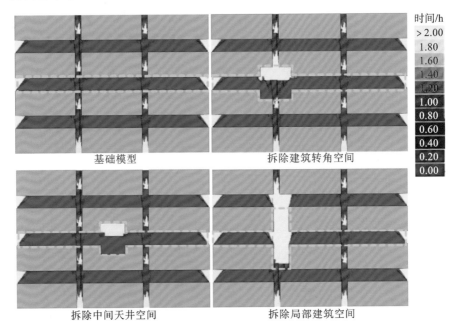

图 6-10 空间开敞度的水平方向营造策略日照时间对比图

表 6-11 空间开敞度的水平方向营造策略的日照情况

空间开敞度的水平 方向营造策略	基础模型	拆除建筑 转角空间	拆除中间 天井空间	拆除局部 建筑空间
日照时间不少于 1 h 的面积比例	16.6%	29.6%	24.2%	40.7%
日照时间不少于 2 h 的面积比例	5%	16.7%	13.6%	31.8%

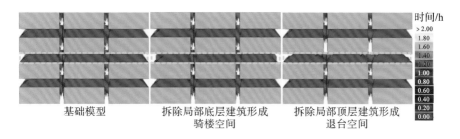

基础模型   拆除局部底层建筑形成   拆除局部顶层建筑形成
            骑楼空间   退台空间

图 6-11　空间开敞度的垂直方向营造策略日照时间对比图

表 6-12　空间开敞度的垂直方向营造策略的日照情况

空间开敞度的垂直方向营造策略	基 础 模 型	拆除局部底层建筑形成骑楼空间	拆除局部顶层建筑形成退台空间
日照时间不少于1 h 的面积比例	16.6%	22.3%	19.7%
日照时间不少于2 h 的面积比例	5%	7.5%	7%

当采取水平方向营造策略来增加街巷的空间开敞度时,街巷中形成一个空间节点,微空间的日照条件明显改善。在分别满足冬至日日照时间不少于 1 h 和 2 h 的条件下,街巷内接收日照的面积比例均大幅度提升,其中第三种营造策略改善效果最为明显,满足日照时间不少于 1 h 的面积比例提升 24.1 个百分点,满足日照时间不少于 2 h 的面积比例提升 26.8 个百分点。

当采取垂直方向营造策略,即拆除局部建筑形成骑楼或退台空间时,在分别满足冬至日日照时间不少于 1 h 和 2 h 的情况下,采取第四种营造策略时,面积比例提升了 5.7 个百分点和 2.5 个百分点,采取第五种营造策略时,提升了 3.1 个百分点和 2 个百分点。研究区域人群活动高度的日照条件改善效果不明显,提升幅度较小。

因此,为营造良好的微空间日照环境,提升街巷内的日照时间和接收日照的面积范围,上述各种营造策略均有一定效果,其中改善效果最好的策略为拆除局部建筑空间形成开敞空间。

三、基于街巷通风道的热环境营造策略

在里份中根据风环境的状况，通过局部架空与拆除的方式营造街巷通风道对改善微空间的风环境具有明显效果。由图 6-12 及表 6-13 可看出，拆除一层的局部建筑，增设一条街巷通风道，使研究区域内的整体风速明显提升，提升幅度为 20.8%。在形成的通风道处风速提升较大，增幅达到 80%，对通风道处的微空间风环境改善效果更为明显。因此，可采取增设街巷通风道的营造策略来改善微空间风环境。

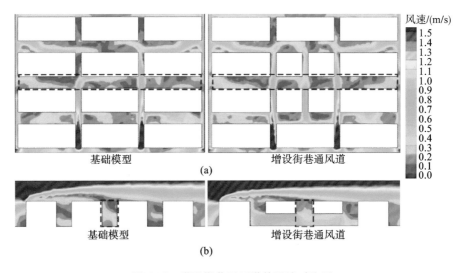

图 6-12 增设街巷通风道的风速对比图

（a）风速平面图；（b）风速剖面图

表 6-13 增设街巷通风道的微空间平均风速

增设通风道情况	没有设置通风道	拆除形成骑楼
平均风速	0.24 m/s	0.29 m/s

四、基于微改造的微气候营造策略总结

1. 基于街巷高宽比可采取的营造策略

基于街巷高宽比研究,可采取降低街巷高宽比的方式营造良好的微气候。

(1) 拆除加建在屋顶和天井中的建筑。

里份中自发加建的现象严重,且大多数加建在屋顶和天井中,在一定程度上增加了建筑高度。可拆除这些加建建筑来降低街巷两侧建筑的高度,使得街巷高宽比变小,微气候条件得以改善。

(2) 拆除加建在街巷和外廊中的建筑。

由于一些加建建筑占用街巷和外廊,街巷宽度变小。对这部分加建的建筑进行适当拆除,增加街巷宽度,使街巷高宽比变小,微气候条件得以改善。

2. 基于空间开敞度可采取的营造策略

基于街巷空间开敞度的研究,可根据实际情况采取合理增加空间开敞度的方式来改善微气候。当微空间对获取日照需求更高,或需要较为稳定的风环境时,可采取在水平方向上扩大空间开敞度及在垂直方向上形成退台空间的方法。具体营造策略如下。

①通过拆除街巷交叉路口处转角建筑空间或天井空间来增加空间开敞度。

②通过拆除天井加建部分及将天井空间与街巷空间连通来扩大空间开敞度。

③在较为密集的空间内,可通过拆除建筑山墙处一个开间来增加山墙面的街巷宽度,以提高空间开敞度。

④将屋顶上或天井内加建的建筑进行合理拆除以形成退台空间,减少建筑的遮挡,获取更多日照。

当微空间对风速提升需求更高或对遮阳需求更大时,可采取的营造策略:拆除建筑底层的局部边界空间以形成骑楼。利用建筑物形成灰空间,来改善微空间物理环境。

3. 基于街巷通风道可采取的营造策略

①架空建筑底部局部空间来增设通风道。

②拆除加建在巷道内的建筑,恢复原有的街巷通风道。

第三节 营造案例:旧汉口租界区某里份 微改造与微气候营造

一、研究对象里份的环境现状

1. 基于行为活动的研究对象微空间的选取

本节选取的研究对象里份的街巷类型属于主次巷型,一条主巷(宽度为 4.5 m)作为主入口与江汉路垂直相接,三条相平行的次巷与主巷垂直。第 一条次巷宽 6.5 m,主要为生活类活动场所;第二条次巷宽 7.5 m,道路较 宽,设有绿化树木及花坛,空间环境较好,主要为被商业类活动渗透的场所; 第三条次巷宽 4 m,为尽端式道路,作为交通穿行空间,基本没有人活动。研 究对象里份的平面图及街巷空间分析如图 6-13 所示。

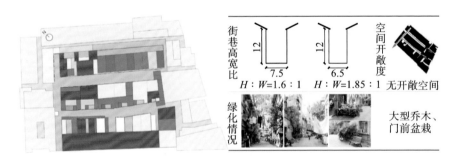

图 6-13 研究对象里份的平面图及街巷空间分析

通过现场调查发现,如图 6-14 所示,该里份 S1 点位于第二条次巷,活动 强度最高。在可被太阳照射到的长凳上常有人闲坐晒太阳,旁边的健身器材偶尔有人使用,下午旁边的咖啡厅开始营业,陆续有人来此喝咖啡,当室外环境较好时,人们会选择在咖啡厅门口的街巷中闲坐喝咖啡。此外,还有一些对历史建筑感兴趣的游客来此参观、摄影。S2点同样位于第二条次巷,但在街巷内侧,活动强度较弱,主要的行为活动为居民在家门口的街巷中做家务、洗涤与闲聊,以及居民遛狗、散步从此路过,一些游客来此参观。S3点位于第一条次巷,商业开发强度次于第二条次巷,主要是生活于此的居民在此空间活动,活动强度一般。在街巷较为开敞的区域会有居民照看小孩、与人闲聊,偶尔有人在街巷边的长椅上闲坐休憩。居民也会在此遛狗、散步,同样偶尔会有游客参观。

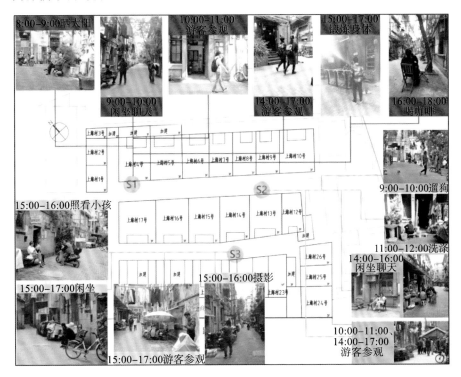

图 6-14　微空间的活动状况

从图 6-15 中可知,里份内部 S1 点的活动强度最高,占比达 40.8%,S2点和 S3 点的活动强度一样,占比 29.6%。其中,S1 点的停留型活动比通过型活动占比高,S1 点作为停留性相对强的参照案例,将其界定为停留型活动空间。S2点和S3点的通过型活动比停留型活动占比高,将其界定为通过型活动空间。在进行室外空间微气候分析时,可基于这两种活动类型空间分类讨论。

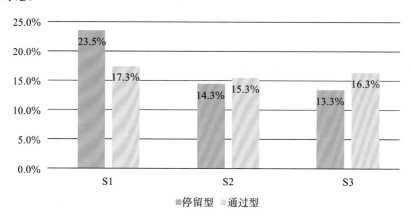

图 6-15 居民行为活动类型分析

2. 里份的自发加建状况

通过对研究对象里份的居民自发加建状况进行调研,发现该里份室外加建现象主要有以下三类(图 6-16)。

①在屋顶加建一层作为卧室使用。

②在天井内加建厨房、厕所或者储藏间。

③在原本连接第一条次巷和第二条次巷的巷道内加建建筑。

3. 微空间的微气候模拟分析

图 6-17 显示了研究对象里份街巷空间的风环境及日照时间的数值模拟分析结果。

在风环境方面,第一条次巷的整体风环境较差,风速为 0.1~0.3 m/s,其中靠近主巷侧的风环境尤其差,风速只有约 0.1 m/s;第二条次巷的整体风环境较好,风速约为 1 m/s,只有街巷中部部分区域的风环境较差,风速约为 0.2 m/s。

在日照方面,第一条次巷的整体日照环境较好,约一半区域获取日照的时间达到 2 h,其中靠近主巷侧的日照环境更好;第二条次巷的整体日照环

屋顶加建

天井内加建　　　　　　　　　　巷道内加建

图 6-16　研究对象里份中的自发加建状况

境较差,约一半区域获取日照的时间能达到 1 h,其他区域由于被两侧建筑遮挡,日照环境很差,获取日照的时间不到 0.4 h。

　　基于上述模拟结果,主要针对居民活动较多的停留型活动空间 S1 点和具有营造成为停留型活动空间潜在可能的 S2 点和 S3 点进行具体研究分析。三个活动点的微气候现状及其影响因素的分析结果如下。

　　S1 点:风环境较好,风速约为 1 m/s;日照环境一般,获取日照的时间约为 1 h。

　　S2 点:风环境较差,风速约为 0.2 m/s,且风环境不稳定;日照环境较好,大部分区域获取日照的时间达到 2 h。

　　S3 点:风环境较差,风速约为 0.4 m/s;日照环境一般,约一半区域获取日照的时间可达到 2 h。

　　根据现场调研及微气候数值模拟的结果可推测,影响 S1 点风环境及日照的主要因素在于屋顶加建建筑,增加了两侧建筑的高度,对微空间产生了遮挡；S2 点和 S3 点风环境及日照的主要影响因素在于天井内加建建筑，阻挡风流动，不利于通风，同时也增加了遮挡，不利于日照与采光。

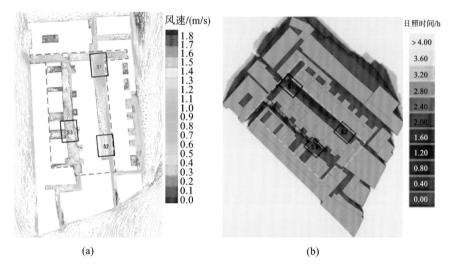

图 6-17　研究对象里份内部的自然通风与日照状况

(a) 风速；(b) 日照时间

二、里份内部活动空间微气候营造手法

基于对研究对象里份的现状分析，在对微空间的微气候进行营造时，可考虑从降低街巷高宽比、扩大空间开敞度、恢复街巷原有通风道、增设通风道等方面采取相应的物理环境营造策略。为保护里份中的优秀历史建筑，在采取微改造措施的前提下，主要采取以下营造策略（图 6-18、图 6-19）。

①拆除屋顶加建建筑，降低街巷高宽比。

②拆除天井内加建建筑，扩大街巷开敞度。

③拆除街巷内加建建筑，恢复街巷原有通风道。

④将街巷两侧建筑底层局部架空，形成骑楼空间。

⑤将部分原有天井拆除，与街巷进行连通，增加空间开敞度。

⑥将底层建筑局部架空，形成通风道，改善微空间风环境。

根据停留型活动空间对于微气候的需求，其中三个微空间采用如下具

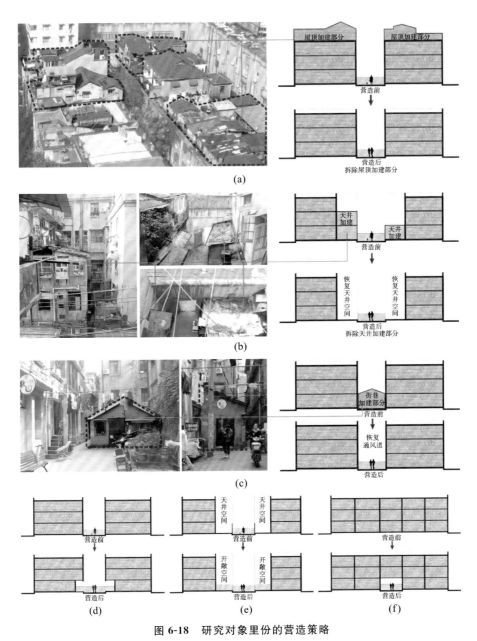

图 6-18　研究对象里份的营造策略

（a）拆除屋顶加建建筑；（b）拆除天井加建建筑；（c）拆除街巷内加建建筑；

（d）局部架空，形成骑楼空间；（e）拆除天井，与街巷连通；（f）底层局部架空，形成通风道

图 6-19　上海村营造前后对比图

体的营造策略（图 6-20）。

S1 点微空间：①拆除屋顶加建建筑；②将街巷两侧建筑局部架空，形成骑楼空间。

S2 点微空间：①拆除屋顶加建建筑；②拆除天井内加建建筑；③将部分原有天井拆除，连通街巷空间。

S3 点微空间：①拆除屋顶加建建筑；②拆除天井内加建建筑；③将部分原有天井拆除，连通街巷空间；④将底层建筑局部架空，形成通风道。

三、里份内部活动空间微气候营造效果

针对作为研究对象的三个微空间采取上述营造策略后，其微气候性能得到明显改善。下文将对改造后微空间的风环境与日照状况进行数值模拟分析。

1. 里份内部活动空间微气候变化

图 6-21、图 6-22 分别为里份内部活动空间改造前后的风环境与日照环境对比图。在风环境方面：采取上述营造策略后，整个里份内部活动空间的风环境得以改善。改造前，第一条次巷风环境较为恶劣，第二条次巷风环境较好；改造后，第一条次巷的风环境质量明显提升，风速增加，基本均可达到 1 m/s，且分布较为均匀；第二条次巷的风环境基本得以保持，原来风环境较差的街巷中部因增加了通风道，风环境得以小幅度改善。在日照环境方面：营造后整个里份的日照环境均有所改善，人们在室外的停留时间可能随着

(a)

(b)

营造前 营造后

(c)

营造前 营造后

(d)

图 6-20 S1 点、S2 点、S3 点微空间部分具体营造策略图

（a）S1 点微空间营造前后对比图；（b）S2 点和 S3 点微空间营造前后对比图；

（c）S2 点和 S3 点微空间拆除天井，与街巷连通；

（d）S3 点微空间架空局部底层建筑以形成通风道

日照时间的增加而延长。改造前,第一条次巷的整体日照环境较好,第二条次巷的整体日照环境较差,且其中约一半区域由于被两侧建筑遮挡,日照环境不佳,获取日照的时间不到 0.4 h。改造后,第一条次巷中超过一半区域获取日照的时间由 2 h 增加至 4 h,提升幅度达到 1 倍,第二条次巷内约一半区域获取日照的时间由 1 h 增加到 2 h,提升幅度达到 1 倍,并且里份中获取日照时间达到 1 h 的面积也明显增加。

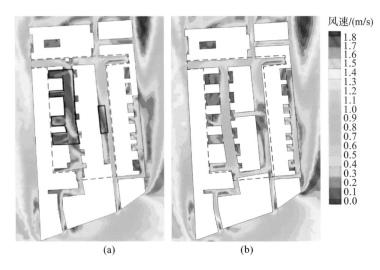

风速/(m/s)
1.8
1.7
1.6
1.5
1.4
1.3
1.2
1.1
1.0
0.9
0.8
0.7
0.6
0.5
0.4
0.3
0.2
0.1
0.0

(a) (b)

图 6-21 营造前后室外风环境对比

(a) 营造前;(b) 营造后

2. 目标微空间微气候营造前后对比

针对停留型活动空间 S1 点和具有营造成为停留型活动空间潜力的 S2 点及 S3 点的风环境、日照环境和光环境进行营造前后对比,结果如图 6-23 所示。

S1 点微空间:营造前后风环境变化不大,仍保持了良好的风环境条件。同时,日照时间提升幅度约 30%,并且得到日照的面积也有所扩大。

S2 点微空间:营造后风环境改善显著,风速由营造前的 0.2 m/s 左右提升至约 1 m/s,提升约 4 倍,风环境稳定;日照的时间也由营造前的 2 h 提升至 4 h,提升约 1 倍。

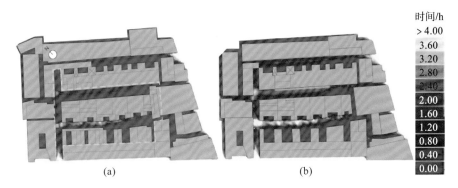

图 6-22　营造前后日照环境对比

（a）营造前；（b）营造后

S3 点微空间：营造后风环境改善显著，风速由营造前的 0.2 m/s 左右提升至约 1 m/s，提升约 4 倍；日照环境改善，获取日照的时间也由营造前的 2 h 提升至 4 h，提升约 1 倍。

旧城更新在保护旧城原有风貌的同时，也应保存建筑的人居环境、人的生活方式。在旧城微改造的过程中，针对居民日常生活与交往的微空间，进行适应居民行为活动需求的微气候营造，有助于提升居民生活品质。

基于不同类型活动的空间需求，利用数值模拟软件，通过对里份空间形态的基本参数，即街巷高宽比、空间开敞度、街巷通风道等对于里份街巷的微气候条件有影响的因素的规律进行分析，提出了里份内部基于居民行为活动需求的微气候营造策略。

在此基础上，以旧汉口租界区中的里份为例，针对在里份的现场调查过程中所选择的居民活动微空间及各微空间所对应的活动类型，通过对里份的室外空间环境及微气候现状进行模拟，分析里份空间微气候存在的问题。针对不同微空间中不同类型活动对微气候的需求，提出相适应的微气候营造策略，并利用模拟软件对营造效果加以验证。

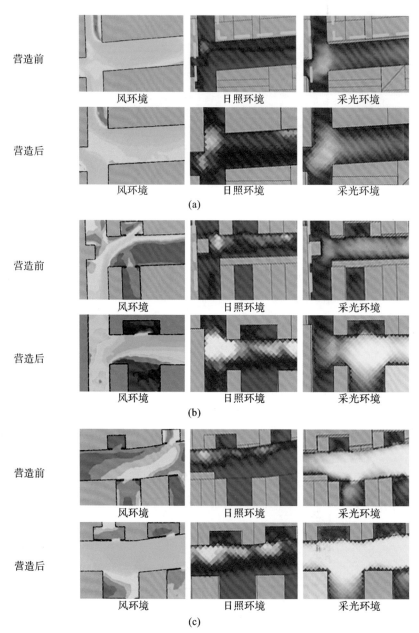

图 6-23　三个微空间的物理环境营造前后对比图

（a）S1 点微空间的营造前后物理环境对比；（b）S2 点微空间的营造前后物理环境对比；
（c）S3 点微空间的营造前后物理环境对比